EPLAN 电气设计项目教程

主 编 车 娟 郁秋华 庞师坤
副主编 李芳丽 于 飞

北京理工大学出版社
BEIJING INSTITUTE OF TECHNOLOGY PRESS

内 容 简 介

本书结合高职教育的人才培养特点，以 EPLAN Electric P8 2.9 电气设计软件应用为主线，突出"项目引领、任务驱动、工学结合"的教学理念，注重学生职业能力和职业素养的培养，力求使学生通过典型项目掌握电气工程制图要领和设计方法，并能举一反三。

本书以贴近企业生产的基本项目为模型构建 4 个教学项目，涵盖了软件安装及菜单功能使用、项目创建、原理图的绘制、端子与插头、宏的创建与插入、图框与项目报表、PLC 设计、符号与部件设计、电缆设计、2D 安装板设计等内容。本书以客户委托要求为主线，通过"任务目标、任务描述、知识准备、任务实施、检查与交付、思考与提高"六方面进行教学设计，并配有知识图谱，由简单到复杂，将知识与技能的检查、工作能力与职业素养的培养融入各个教学环节。

本书适合电气自动化技术、机电一体化技术、工业机器人技术、智能制造技术等专业的高职高专、应用型本科学生使用，也可作为从事电气设计工作的技术人员的培训教材。

版权专有　侵权必究

图书在版编目（C I P）数据

EPLAN 电气设计项目教程／车娟，郁秋华，庞师坤主编． -- 北京：北京理工大学出版社，2024.1
ISBN 978 - 7 - 5763 - 3294 - 0

Ⅰ．①E… Ⅱ．①车… ②郁… ③庞… Ⅲ．①电气设备 - 计算机辅助设计 - 应用软件 - 高等职业教育 - 教材
Ⅳ．①TM02 - 39

中国国家版本馆 CIP 数据核字（2024）第 014033 号

责任编辑：钟　博　　　　**文案编辑：**钟　博
责任校对：刘亚男　　　　**责任印制：**李志强

出版发行／北京理工大学出版社有限责任公司
社　　址／北京市丰台区四合庄路 6 号
邮　　编／100070
电　　话／（010）68914026（教材售后服务热线）
　　　　　　　（010）68944437（课件资源服务热线）
网　　址／http：//www.bitpress.com.cn

版 印 次／2024 年 1 月第 1 版第 1 次印刷
印　　刷／三河市天利华印刷装订有限公司
开　　本／787 mm×1092 mm　1/16
印　　张／17.25
字　　数／413 千字
定　　价／89.00 元

图书出现印装质量问题，请拨打售后服务热线，负责调换

前　言

作为计算机自动工程电气设计时代新技术的先锋，EPLAN 系列软件始终为电气规划、过程设计、项目管理领域提供智能化软件解决方案。本书以 EPLAN Electric P8 2.9 为基础，结合高职教育的人才培养特点和企业需要，借鉴德国行动导向的教学模式，以培养应用型人才为目标，内容突出职业性、专业性和技能性，深入浅出地介绍 EPLAN Electric P8 2.9 的相关知识和操作技巧。

为深入贯彻落实党的二十大精神，助推中国制造高质量发展，本书结合机电一体化技术专业群的培养要求，借鉴德国双元制教育的先进经验，采用项目化、任务驱动式教学与训练的新型活页式教材形式，从校企合作德资企业的培训项目及 AHK 机电一体化考证项目中选取典型工程案例，遵循电气标准化设计的理念，按照"项目导向、任务驱动、螺旋上升"的原则进行编写，设置基础模块、提高模块、综合模块和扩展模块 4 个项目模块，其内容依次为：项目一"绘制 CA6140 普通车床电气图纸"、项目二"绘制清洗机电气安全控制系统原理图"、项目三"绘制滑仓系统 PLC 控制原理图"、项目四"基于部件的混料罐控制回路设计"。每个项目通过实例导航的形式，以工作任务展开学习过程，从任务目标、任务描述、知识准备、任务实施、检查与交付、思考与提高等方面组织教学环节，从课前、课中、课后三个维度引导学生完成学习任务，使学生既能掌握 EPLAN 电气设计专业技能，丰富自身知识储备，又能了解企业当前的新技术、新工艺、新规范，不断提高工程实践能力。

本书由苏州健雄职业技术学院"电气设计软件（EPLAN）"课程团队编写，由车娟、郁秋华、庞师坤担任主编，李芳丽、于飞担任副主编。具体分工为：车娟编写项目二和项目三，郁秋华编写项目一任务 1.3、任务 1.4 和项目四，庞师坤编写项目一任务 1.1 和任务 1.2，李芳丽负责信息化教学资源素材梳理和整理。舍弗勒（中国）有限公司培训中心电气培训师于飞先生和亿迈齿轮（苏州）有限公司电气工程师张静先生为本书提供部分电气图实例，全书由车娟统稿和定稿，在此向所有关心和支持本书出版的人们表示衷心的感谢！

由于编者水平有限，书中难免有不足之处，望广大读者批评指正，编者将不胜感激。

编　者

目　录

项目一　绘制 CA6140 普通车床电气图纸

项目说明

　　某设备有限公司应客户要求，准备生产一台 CA6140 普通车床（图 1 – 0 – 1），现在需要根据客户委托要求绘制 CA6140 普通车床电气图纸，并向客户交付资料。

图 1 – 0 – 1　CA6140 普通车床

客户委托要求如下。

　　（1）新建的项目要求有封面，封面显示内容包括"项目描述""项目编号""公司名称""项目负责人""客户：简称""安装地点"等信息。

　　（2）设备的控制回路能满足如下要求：按下启动按钮，主电路接触器得电；按下停止按钮，主电路接触器失电；主电路和控制电路具有短路保护和过载保护功能。

　　（3）按下急停按钮，主电路失电，车床电动机停止运行。

　　（4）为安全操作起见，控制电路需要具备双重互锁功能，以确保正转和反转接触器不能同时吸合。

　　（5）为了便于设备的维护与保养、增强图纸的可读性，需要为元件符号添加必要的技术参数和功能文本。

　　（6）图纸中元件符号连接点代号要与实际元件端子号保持一致。

　　（7）设计相应的指示灯，且颜色符合标准。工作指示灯和按钮的颜色必须符合 EN 60204 – 1 中规定的颜色。

项目一：绘制
CA6140普通
车床电气图纸

学习任务1.1：安装
EPLAN电气软件

- EPLAN软件的安装步骤
- EPLAN软件界面和工作区域的设置
- 项目的新建、打开与关闭、重命名
- 选项卡的设置
- 项目属性的修改

学习任务1.2：
认识电气符号

- 理解项目结构（=、+号的作用）
- 创建图页、理解电气原理图页的类型
- 显示栅格、选择栅格、对齐到栅格和对象捕捉
- 插入电动机、电动机保护开关、接触器、按钮元件符号
- 改变符号变量和使用连接符号
- 添加属性文本、同步功能文本

学习任务1.3：绘制
CA6140普通车床主电路图

- 插入电位连接点、修改电位类型
- 多重复制的使用
- 插入中断点
- 插入文本和结构盒
- 设置层管理
- 插入电动机、断路器、热继电器、熔断器等元件符号

学习任务1.4：绘制
CA6140普通车床控制电路图

- 改变符号变量和使用连接符号
- 移动属性文本
- 格式刷的使用
- 进行电位追踪
- 项目备份和图页导出
- 插入接触器、启动按钮、急停按钮、指示灯等元件符号

姓名＿＿＿＿＿＿　　班级＿＿＿＿＿＿　　学号＿＿＿＿＿＿　　组号＿＿＿＿＿＿

学习任务1.1　安装EPLAN电气软件

一、任务目标

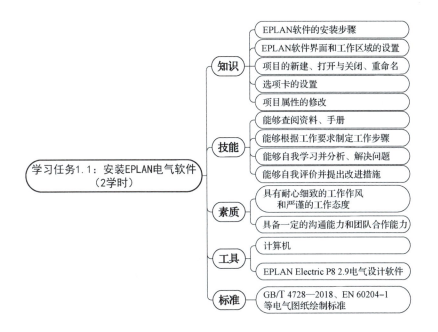

学习任务1.1：安装EPLAN电气软件
（2学时）

知识
- EPLAN软件的安装步骤
- EPLAN软件界面和工作区域的设置
- 项目的新建、打开与关闭、重命名
- 选项卡的设置
- 项目属性的修改

技能
- 能够查阅资料、手册
- 能够根据工作要求制定工作步骤
- 能够自我学习并分析、解决问题
- 能够自我评价并提出改进措施

素质
- 具有耐心细致的工作作风和严谨的工作态度
- 具备一定的沟通能力和团队合作能力

工具
- 计算机
- EPLAN Electric P8 2.9电气设计软件

标准
- GB/T 4728—2018、EN 60204-1 等电气图纸绘制标准

二、素养小贴士

激发爱国热情、树立责任与担当意识

　　电气设计软件大部分由国外软件公司开发，国产化道路任重而道远。作为新时代的大学生，应饱含爱国情怀，把个人理想追求融入高水平自立自强与创新型国家的建设事业，树立为中华民族的伟大复兴而学习的责任和担当。

　　素质拓展：

三、任务描述

（1）安装电气设计软件 EPLAN Electric P8 2.9，安装结束后进行软件的激活操作，在成功激活软件后，启动 EPLAN Electric P8 2.9 软件，认识绘图主界面。首次运行软件时需要修改软件的设置，并且新建项目为后续图纸绘制做好前期准备。

（2）新建的项目要求有封面，封面显示内容包括"项目描述""项目编号""公司名称""项目负责人""客户：简称""安装地点"等信息。

四、知识准备

（一）安装 EPLAN Electric P8 2.9 软件

EPLAN Electric P8 2.9 软件是基于 Windows 平台的应用程序，其安装步骤如下。

（1）第一步：找到程序安装包，打开"Electric P8 2.9.3"目录，以管理员身份运行其中的"setup.exe"文件，启动安装程序，如图 1-1-1 所示。

Documents	2017-07-06 17:19	文件夹
Download Manager (x64)	2017-07-18 13:41	文件夹
Electric P8 (x64)	2017-07-18 13:39	文件夹
Electric P8 Add-on (x64)	2017-07-18 14:08	文件夹
ELM	2017-07-06 13:09	文件夹
License Client (Win32)	2017-06-12 14:50	文件夹
License Client (x64)	2017-06-12 14:50	文件夹
Platform (x64)	2017-07-18 14:07	文件夹
Platform Add-on (x64)	2017-07-18 14:04	文件夹
Platform Gui (x64)	2017-07-18 14:02	文件夹
Services	2016-08-24 13:33	文件夹
Setup	2017-07-18 13:38	文件夹
Setup Manager (x64)	2017-07-18 13:40	文件夹
setup.exe	2017-07-18 13:36	应用程序　455 KB

图 1-1-1　安装 EPLAN Electric P8 2.9 软件的"setup.exe"文件

（2）第二步：进入程序对话框，如图 1-1-2 所示。软件默认的可用程序为 Electric P8(x64)，根据部件管理、项目管理和字典的数据库选择，必须提前安装好 64 位 Microsoft Office 软件，单击【继续】按钮。

（3）第三步：在接受许可条款界面中勾选"我接受该许可证协议中的条款"复选框，如图 1-1-3 所示，并单击【继续】按钮。

（4）第四步：在弹出的对话框（图 1-1-4）中，可将程序目录、EPLAN 原始主数据、系统主数据、用户设置、工作站设置、公司设置等路径改为非系统盘符，而子路径不变。

（5）第五步：在用户自定义安装界面（图 1-1-5）中，默认系统设置，单击【安装】按钮。

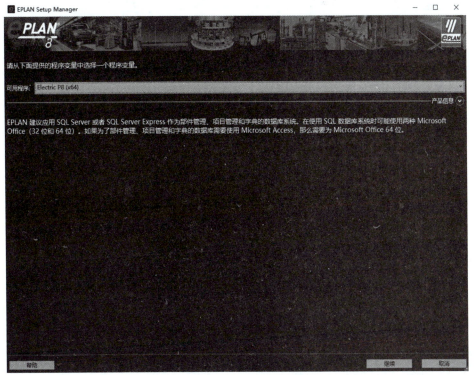

图 1 - 1 - 2　EPLAN 安装产品选择

图 1 - 1 - 3　接受许可条款界面

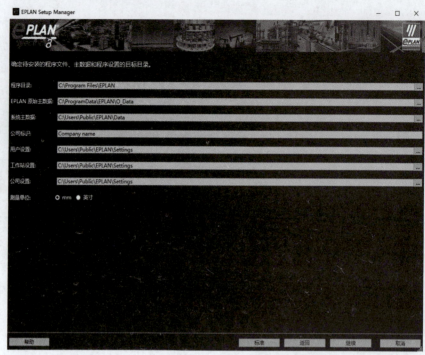

图 1-1-4　EPLAN Electric P8 2.9 软件安装路径设置

注意：

EPLAN Electric P8 2.9 软件默认安装路径为 C 盘，建议安装在非系统盘符下，以防止重装系统导致项目数据丢失。

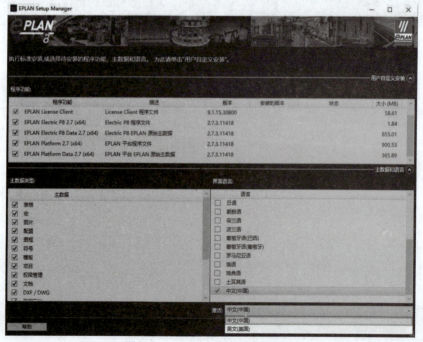

图 1-1-5　用户自定义安装界面

（6）第六步：EPLAN Electric P8 2.9 软件进入安装进程，等待片刻，自动完成安装（图1–1–6），单击【完成】按钮，退出安装程序界面。

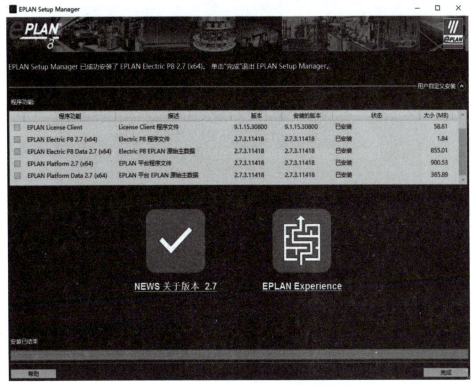

学习笔记

图1–1–6　EPLAN Electric P8 2.9 软件安装完成界面

（7）第七步：EPLAN Electric P8 2.9 软件安装完成后，在计算机桌面生成图1–1–7所示快捷方式图标，单击该图标即可进入软件操作界面。

EPLAN
Electric P8
2.9 SP1 (x64)

图1–1–7　EPLAN Electric P8 2.9 软件快捷方式图标

注意：

　　在安装进程中建议关闭杀毒软件并切断网络连接，因为杀毒软件有可能隔离安装程序中的某些安装文件，导致安装程序不完整。

（二）启动 EPLAN Electric P8 2.9 软件

（1）第一步：双击桌面上的 EPLAN Electric P8 2.9 图标，打开 EPLAN Electric P8 2.9 软件，显示 EPLAN Electric P8 2.9 软件启动界面（图1–1–8）。如果需要再次显示 EPLAN Electric P8 2.9 启动界面，可以按住 Shift 键并双击桌面软件快捷方式图标。

图1-1-8　EPLAN Electric P8 2.9 软件启动界面

　　（2）第二步：弹出"选择许可"对话框（图1-1-9），在"选择模式"下拉列表中选择"始终使用标记的许可"选项，选择"EPLAN Electric P8. Professional"版本，单击【确定】按钮，关闭"选择许可"对话框。

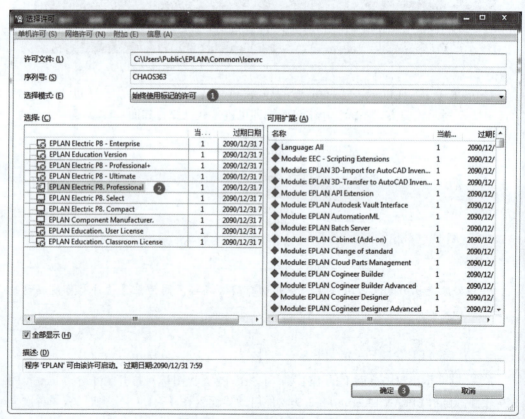

图1-1-9　"选择许可"对话框

（3）第三步：弹出"选择菜单范围"对话框（图 1 - 1 - 10），默认选择"专家"选项，并勾选"不再显示此对话框"复选框，单击【确定】按钮，关闭该对话框。打开 EPLAN Electric P8 2.9 主界面，如图 1 - 1 - 11 所示。如果需要重新显示"选择菜单范围"对话框，可在菜单栏中选择【设置】→【用户】→【显示】→【界面】选项，勾选"不显示的消息"复选框。

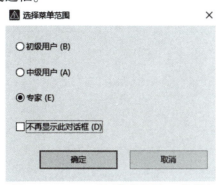

图 1 - 1 - 10　"选择菜单范围"对话框

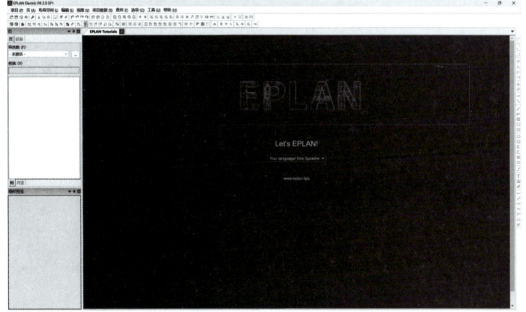

图 1 - 1 - 11　EPLAN Electric P8 2.9 主界面

（三）EPLAN Electric P8 2.9 软件主界面介绍

EPLAN Electric P8 2.9 主界面类似 Windows 界面风格，主要由菜单栏、工具栏、页导航器、图形预览、状态栏及工作区 6 个部分组成，如图 1 - 1 - 12 所示。

（1）菜单栏：包括【项目】【页】【布局空间】等 12 个菜单选项。

（2）工具栏：包括【默认】【视图】【符号】【项目编辑】【页】【盒子】【连接】等按钮。

（3）页导航器：方便筛选图纸，加速设计过程，可在底部标签"树"和"列表"间切换。

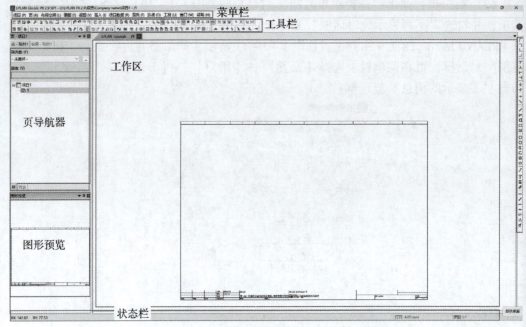

图 1-1-12　EPLAN Electric P8 2.9 软件主界面

设置工作区域

（4）图形预览：预览当前图纸或选择的符号。

（5）状态栏：显示工作区鼠标放置点的坐标。

（6）工作区：操作者绘图区域。

（四）设置工作区域

在 EPLAN Electric P8 2.9 软件中绘制图纸时，一般根据客户需求及个人习惯设置不同的工作区域，以方便操作者快速切换操作页面。新建工作区域的步骤如下。

（1）第一步：选择菜单栏中的【视图】→【工作区域】选项（图 1-1-13）。

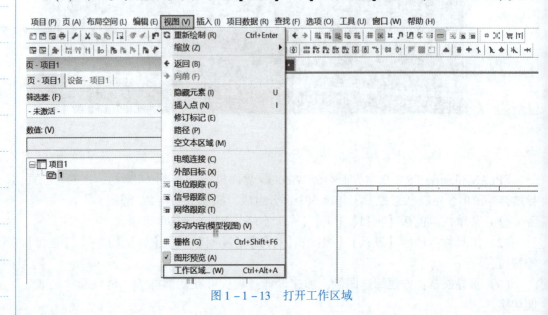

图 1-1-13　打开工作区域

（2）第二步：弹出"工作区域"对话框，单击【新建】按钮，如图 1 – 1 – 14 所示。

图 1 – 1 – 14　"工作区域"对话框

（3）第三步：弹出"新配置"对话框，如图 1 – 1 – 15 所示，修改/选择相关条目。修改/选择条目如下。

①修改"名称"："个人配置"；

②修改"描述"："方便原理图设计"。

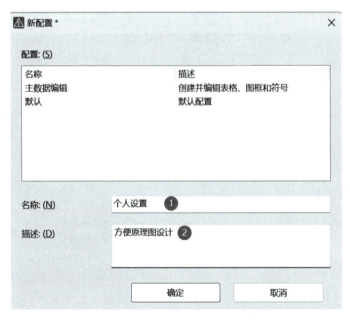

图 1 – 1 – 15　"新配置"对话框

（4）第四步：单击【确定】按钮，当前工作区域即新建工作区域，根据自身需要修改工具栏勾选情况，如图 1 – 1 – 16 所示。

（5）第五步：在"工作区域"对话框中（图 1 – 1 – 17）单击【保存】→【确定】按钮，保存新建工作区域，下次打开 EPLAN Electric P8 2.9 软件便将自动启动"个人设置"工作区域。

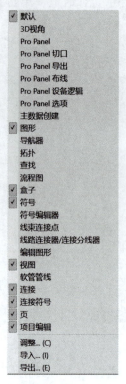

图 1-1-16　修改工具栏勾选情况

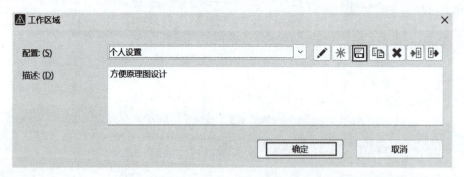

图 1-1-17　工作区域设置

注意：

　　若在图纸绘制过程中打乱当前操作界面而无法恢复，可选择菜单栏中的【视图】→【工作区域】选项，在"配置"下拉列表选择"默认"选项，然后单击【确定】按钮，则可恢复默认工作区域界面。

（五）创建项目

（1）第一步：选择菜单栏中的【项目】→【新建】命令（图 1-1-18），开始创建项目。

打开、关闭和创建项目

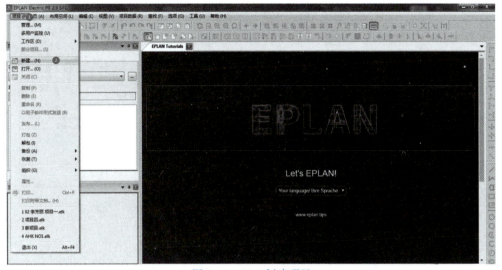

图 1 - 1 - 18　创建项目

（2）第二步：弹出"创建项目"对话框（如图 1 - 1 - 19），修改/选择相关条目。修改/选择条目如下。

图 1 - 1 - 19　"创建项目"对话框

①修改"项目名称"："1401 王三—项目一"；

②修改"保存位置"：项目默认保存路径为软件安装目录"Home"下，单击【…】按钮，可将本项目的保存路径设置为桌面。

③修改"模板"："IEC_bas001. zw9"（基本项目：包括符号库、图框、表格等数据），如图 1 - 1 - 20 所示。

④修改"设置创建日期"：勾选"设置创建日期"复选框，即项目创建时计算机当前时间。

⑤修改"设置创建者"："王三"。

图 1 - 1 - 20   选择项目模板

（3）第三步：单击【确定】按钮，弹出"项目属性"对话框，可修改或添加项目的属性，如图 1 - 1 - 21 所示。

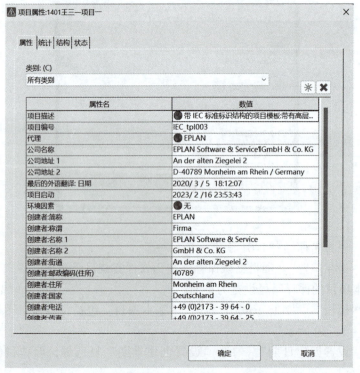

图 1 - 1 - 21   "项目属性"对话框（项目属性一览）

（4）第四步：单击鼠标右键，选择【配置】选项，如图 1-2-22 所示，弹出"配置属性"对话框，选择需要移动的属性选项，单击上下按钮，可调整配置属性的顺序，如图 1-1-23 所示。若无该信息，可单击【新建】按钮进行添加。

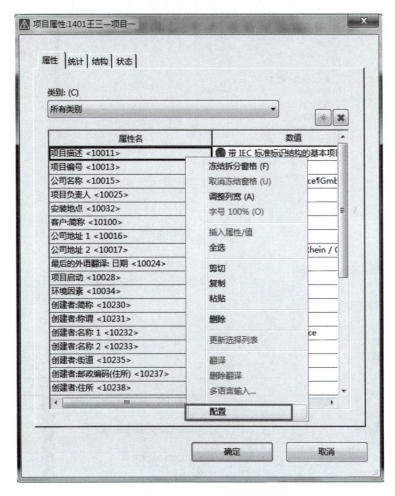

图 1-1-22　选择配置

（5）第五步：根据客户项目要求调整配置属性的顺序，修改/选择项目信息相关条目（图 1-1-24）。修改/选择条目如下。

①修改"项目描述"："CA6140 普通车床自动控制系统"；

②修改"项目编号"："CA2023001"；

③修改"公司名称"："苏州××自动化技术有限公司"；

④修改"项目负责人"："王三"；

⑤修改"客户：简称"："苏州××职业技术学院"；

⑥修改"安装地点"："B2 车间"。

属性修改完毕，单击【确定】按钮后，项目封面页显示效果如图 1-1-25 所示。

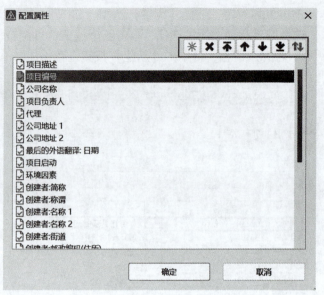

图 1 - 1 - 23　调整配置属性的顺序

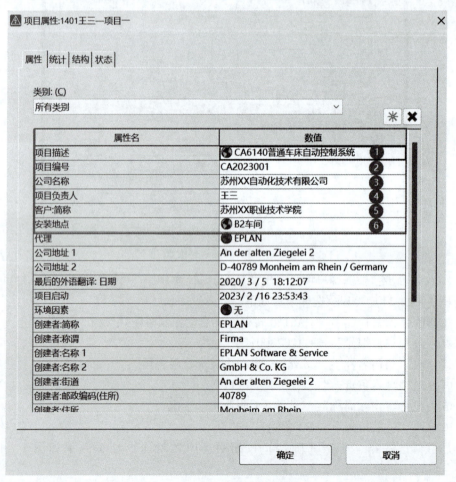

图 1 - 1 - 24　修改项目信息属性名

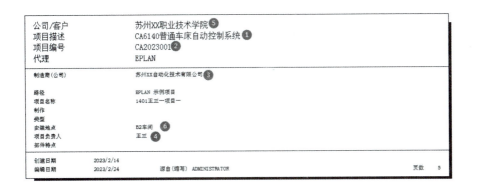

图 1 - 1 - 25　项目封面页显示效果

（六）设置工作环境

为了提高绘图效率和正确性，需要修改软件的环境参数，选择菜单栏中的【选项】→【设置】选项，如图 1 - 1 - 26 所示，打开软件的"设置"对话框来调整工作环境及相应的功能。

设置工作环境

图 1 - 1 - 26　打开软件的"设置"对话框

1. 项目默认保存路径修改

选择【用户】→【管理】→【目录】选项，新建配置"new"，再单击"项目"框右侧的【…】按钮，修改当前项目的保存路径到桌面，如图 1 - 1 - 27 所示。

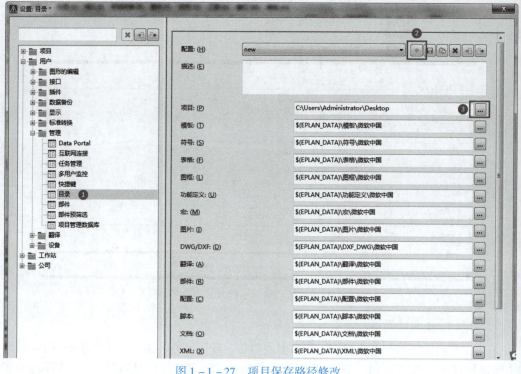

图 1-1-27 项目保存路径修改

2. 显示标识性编号

选择【用户】→【显示】→【用户界面】选项，如图 1-1-28 所示，勾选"显示标志性的编号"和"在名称后"复选框，单击【应用】按钮，完成设置操作。

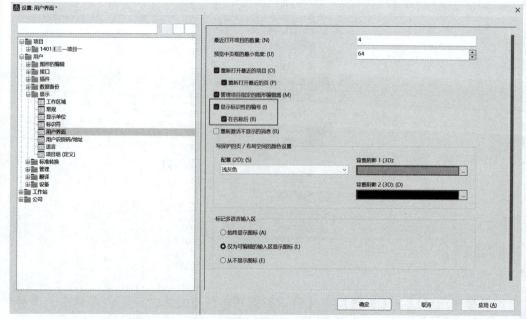

图 1-1-28 显示标识性编号

3. 配置工作区域背景颜色

选择【用户】→【图形的编辑】选项，如图 1 - 1 - 29 所示，在"配置"下拉列表中可修改工作区域背景颜色，包括白色、黑色、灰色、浅灰色 4 种。

图 1 - 1 - 29　配置工作区域背景颜色

4. 旋转显示连接点代号

GB/T 6988.1—2008《电气技术用文件的编制 第 1 部分：为规则》对文字的方向进行了说明，要求文件中的文字是水平或竖直方向，视图方向从下向上或从右向左阅读，如图 1 - 1 - 30 所示。因此，需要对连接点代号的显示进行设置，选择【项目】→【图形的编辑】→【常规】选项，如图 1 - 1 - 31 所示，勾选"旋转显示连接点代号"复选框，单击【应用】按钮，完成操作。

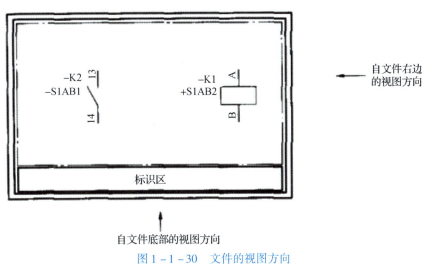

图 1 - 1 - 30　文件的视图方向

图 1 - 1 - 31　旋转显示连接点代号

五、任务实施

根据客户委托要求，安装电气设计软件 EPLAN Electric P8 2.9，并进行软件的激活操作，首次运行时修改软件的设置，并且新建项目为后续图纸绘制做好前期准备。

客户委托要求如下。

（1）首次启动 EPLAN Electric P8 2.9 软件时，选择"EPLAN Electric P8. Professional"版本。

（2）根据个人需要设置工作区域配置，并掌握恢复默认工作区域配置的方法。

（3）通过修改"设置"对话框，设置项目的默认保存路径、显示标识性的编号、旋转显示连接点代号等工作环境。

（4）新建项目，项目名称命名规则为"学号后四位姓名—项目一"，如"1401 王三—项目一"；项目模板选择"IEC_bas001.zw9"；项目图纸要求有封面，封面显示内容包括"项目描述"：CA6140 普通车床自动控制系统、"项目编号"：CA2023001、"公司名称"：苏州××自动化技术有限公司、"项目负责人"：王三、"客户：简称"：苏州××职业技术学院、"安装地点"：B2 车间。

六、检查与交付

（一）学习任务评价

按照表 1 - 1 - 1 进行自查，完成后交给教师评分，必要时做相关讲解或演示说明；进行目测检查，检查每个检查点是否有问题存在，记录检查结果，若无问题则交付验收。

表1-1-1 学习任务1.1评价

评价类型	赋分	序号	检查点	分值	自评	组评	师评
职业能力	50	1	软件安装正确	10			
		2	软件启动设置规范	5			
		3	软件正确关闭退出	5			
		4	项目命名正确	10			
		5	项目模板选择正确	10			
		6	标题页信息填写正确	10			
职业素养	30	1	按时出勤	5			
		2	按时完成	5			
		3	按标准规范操作	5			
		4	互相协助，解决难点	5			
		5	工位保持干净整洁	5			
		6	持续改进优化	5			
素养评价	20	1	搜索"素养小贴士"相关素材	10			
		2	谈一谈对如何"激发爱国热情、树立责任与担当意识"的看法	10			
评价系数				1	0.2	0.2	0.6
总分				100			

（二）成果分享和总结

将成果向同学展示，总结工作中的收获、遇到的问题和改进措施。

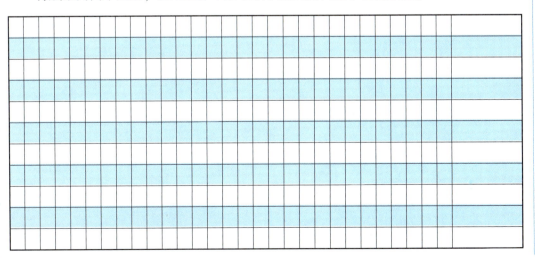

七、思考与提高

（1）启动 EPLAN Electric P8 2.9 软件时，在"选择菜单范围"对话框中勾选了"不再显示此对话框"复选框后，如果需要重新显示"选择菜单范围"对话框，该如何操作？

（2）如何在启动 EPLAN Electric P8 2.9 软件时弹出"选择许可"对话框？

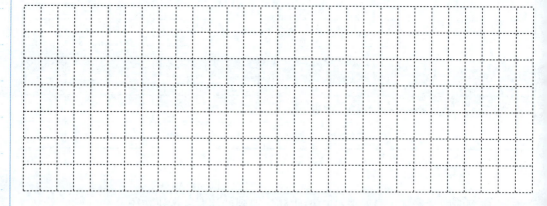

姓名＿＿＿＿＿　　班级＿＿＿＿＿　　学号＿＿＿＿＿　　组号＿＿＿＿＿

学习任务1.2　认识电气符号

一、任务目标

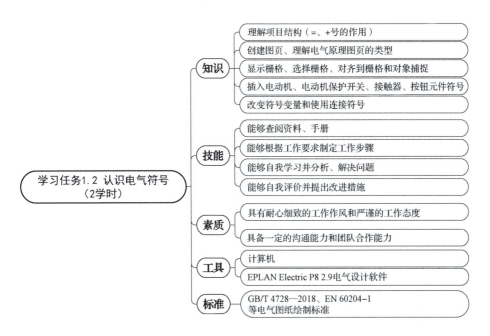

学习任务1.2 认识电气符号（2学时）

知识
- 理解项目结构（＝、+号的作用）
- 创建图页、理解电气原理图页的类型
- 显示栅格、选择栅格、对齐到栅格和对象捕捉
- 插入电动机、电动机保护开关、接触器、按钮元件符号
- 改变符号变量和使用连接符号

技能
- 能够查阅资料、手册
- 能够根据工作要求制定工作步骤
- 能够自我学习并分析、解决问题
- 能够自我评价并提出改进措施

素质
- 具有耐心细致的工作作风和严谨的工作态度
- 具备一定的沟通能力和团队合作能力

工具
- 计算机
- EPLAN Electric P8 2.9电气设计软件

标准
- GB/T 4728—2018、EN 60204-1 等电气图纸绘制标准

二、素养小贴士

职业素养：规范意识

　　在电气图纸设计过程中需要选择不同的电气符号，电气符号需遵循 GB 国家标准或 IEC 国际电工委员会标准。学生在工作中务必要养成良好的职业素养，树立国家标准公告规范和行业规范意识，在生活中遵纪守法，做到"守礼仪、讲规矩、有原则、能担当"。

素质拓展：

三、任务描述

　　根据提供的电动机点动控制和自锁控制电气原理图，用 EPLAN Electric P8 2.9 软件绘制电动机的主回路和控制回路。图纸要求如下。

（1）新建多线原理图（交互式）页，分别绘制电动机的点动控制电路和自锁控制电路。

（2）主电路采用电动机保护断路器，对电动机进行过载保护和短路保护。

（3）通过接触器实现电动机的点动控制和自锁连续运行控制。

（4）有电源插头，以方便维护和移动。

（5）图纸中的元件符号连接点与实际元件端子代号保持一致。

（6）有启动和急停按钮，按钮的颜色必须符合 EN 60204 – 1 的规定。

四、知识准备

（一）图纸页的结构

1. 项目结构

电气设计标准 GB/T 5094.1—2018《工业系统、装置与设备以及工业产品结构原则与参照代号 第 1 部分：基本规则》中专门对项目结构进行了详细解释：为使系统的设计、制造、维修或运营高效率地进行，往往将系统及信息分解成若干部分，每一部分又可进一步细分。这种连续分解而成的部分和这些部分的组合就称为结构。该标准中，一个系统以及每一个组成的项目都可以从三个层面进行描述。图 1 – 2 – 1 所示为项目的分层结构。

（1）功能面结构：显示系统或部件的用途，对应 EPLAN 中的高层代号，其前缀符号是" ＝ "。

（2）位置面结构：显示系统或部件的位置，对应 EPLAN 中的位置代号，其前缀符号是" ＋ "。

（3）产品面结构：显示系统或部件的构成类别，对应 EPLAN 中的设备标识，其前缀符号是" – "。

2. 图页导航器

EPLAN Electric P8 2.9 软件被启动后，系统将自动激活"页"导航器，选择菜单栏中的【页】→【导航器】命令，可以打开与关闭"页"导航器。项目中可包含各种类型的页。"页"导航器是访问页的一个入口，它列出了项目中的所有页。在电气设计标准中，页的结构命名一般采用"高层代号 + 位置代号 + 页名"的形式。

3. 设置结构标识符管理

EPLAN 结构标识符管理用于对项目结构进行标识或描述，从产品面、位置面、功能面进行项目结构化。选择菜单栏中的【项目数据】→【结构标识符管理】命令，弹出"标识符"对话框，可以对标识符进行创建、修改、删除、查找、排序等操作和集中管理。如图 1 – 2 – 2 和图 1 – 2 – 3 所示，可以设置系统的高层

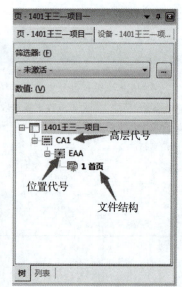

图 1 – 2 – 1　项目的分层结构

代号、位置代号。

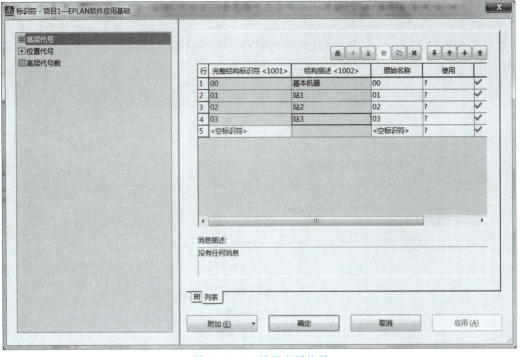

图 1 - 2 - 2　设置高层代号

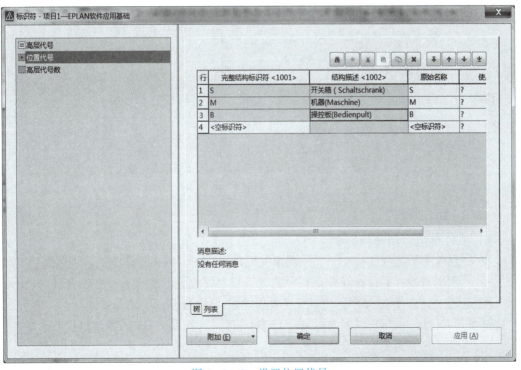

图 1 - 2 - 3　设置位置代号

4. 文档类型符号 "&" 的调用

文档类型的前缀符号为 "&"。选择菜单栏中的【项目】→【属性】选项,打开 "项目属性"对话框,在"结构"选项卡(图 1-2-4)中可以调整页的结构,单击 "页"后面的 ⋯ 按钮,打开"页结构"对话框,可以通过"配置"下拉列表设定页结构,选择"高层代号、位置代号和文档类型"选项,如图 1-2-5 所示。

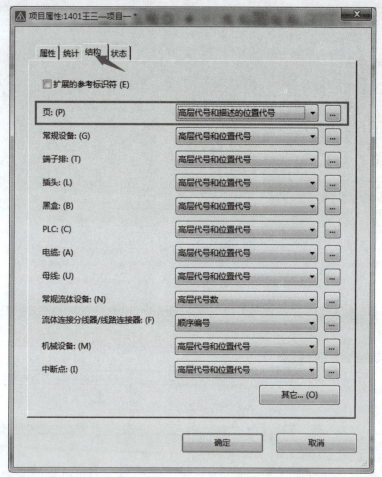

图 1-2-4 "结构"选项卡

(二) 图纸页管理

1. 页的新建、删除和重命名

电气原理图是图纸的核心。在绘制电气原理图之前,需要新建电气原理图页。

(1) 页的新建:通过选择菜单栏中的【页】→【新建】命令,或按组合键"Ctrl + N",或者在"页"导航器中选中项目名称后单击鼠标右键,选择【新建】命令,弹出 "页属性"对话框。如图 1-2-6 所示,修改/选择以下条目。

①修改"完整页名":"=00+S/1";

②修改"页类型":"多线原理图(交互式)";

③修改"页描述":"电动机点动控制电气原理图"。

页的创建

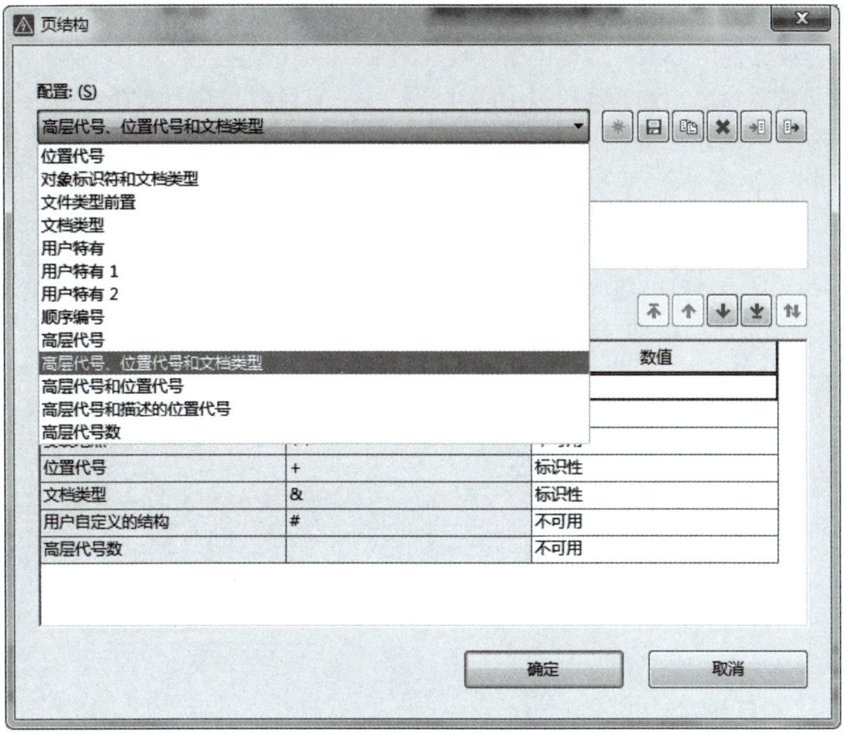

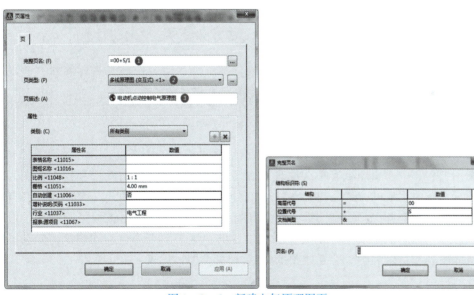

图 1-2-5 "页结构"对话框

图 1-2-6 新建电气原理图页

注意：

　　在"页属性"对话框中，单击【应用】按钮可以重复创建具有相同参数设置的多张图纸。"完整页名"对话框中的"页名"文本框中输入的是图纸的页码，而不是对图纸的内容描述。

（2）页的删除：在"页"导航器中选中电气原理图页后单击鼠标右键，选择【删除】命令，或者使用 Delete 键也可删除页（图1-2-7）。

（3）页的重命名：选择菜单栏中的【页】→【重命名】命令或在"页"导航器中单击鼠标右键，在弹出的快捷菜单中选择【重命名】命令，可以在高亮处修改页名"1"，如图1-2-8所示。

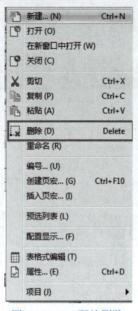

图1-2-7 页的删除

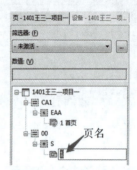

图1-2-8 页的重命名

> **注意：**
>
> "页名"的值是数字，通常表示页码，不是页描述。修改页描述要在"页属性"对话框中进行操作。不要将页名的修改与页描述的修改混淆。

2. 页类型

EPLAN 是一个逻辑软件，在 EPLAN 中含有多种类型的图纸页，分为逻辑图纸和自由绘图图纸，其中逻辑图纸有单线原理图和多线原理图等；自由图形和模型视图为非逻辑图纸。按照生成的方式，EPLAN 中页的分类有两种，即手动式（交互式）和自动式。所谓手动式，即手动绘制图纸，设计者与计算机互动，根据工程经验和理论设计图纸。另外一类图纸是根据评估逻辑图纸生成的，这类图纸为自动式图纸，如端子图表，电缆图表、目录表等。交互式图纸有 11 种页类型，见表1-2-1。

表1-2-1 页类型及其功能描述

序号	页类型	功能描述
1	单线原理图（交互式）	单线图是功能的总览，可与原理图互相转换，实时关联
2	多线原理图（交互式）	电气工程中的电路图
3	安装板布局（交互式）	安装板布局图设计

序号	页类型	功能描述
4	管道及仪表流程图（交互式）	仪表自动控制中的管道及仪表流程图
5	流体原理图（交互式）	流体工程中的原理图
6	模型视图（交互式）	基于布局空间三维模型生成的二维绘图
7	图形（交互式）	自由绘图、没有逻辑成分
8	拓扑（交互式）	针对二维原理图中的布线路径网络设计
9	外部文档（交互式）	可连接外部文档，例如 MS Word、PDF 文档
10	预规划（交互式）	用于预规划模块中的图纸页
11	总览（交互式）	功能的描述，用于 PLC 卡总览、插头总览等

（三）精准定位工具栅格

绘图人员插入符号时，应该将符号精确定位在栅格上，否则符号之间无法进行自动连线。栅格工具栏如图 1 – 2 – 9 所示。

图 1 – 2 – 9　栅格工具栏

1. 打开或关闭栅格

单击"视图"工具栏中的【栅格】按钮，或按"Ctrl + Shift + F6"组合键，打开或关闭栅格。根据栅格大小，将栅格分为 A、B、C、D、E 五类，在默认情况下，A = 1 mm，B = 2 mm，C = 4 mm，D = 8 mm，E = 16 mm，绘图中通常选择 C 类栅格。

2. 捕捉到栅格

单击"视图"工具栏中的【捕捉到栅格】按钮，能够高精度地捕捉和选择这个栅格的点。

3. 对齐到栅格

如果已插入的符号没有对齐到栅格，可以先选中需要对齐到栅格的符号或图形，然后单击"视图"工具栏中的【对齐到栅格】按钮进行将其对齐到栅格。

（四）元件实物和元件符号的对应关系

要绘制规范的电气图纸，应熟知元件实物、元件名称、元件标识符、元件符号的基础知识，下面介绍与本学习任务相关的元件基本知识，见表 1 – 2 – 2。

表1－2－2　元件实物、元件标识符、元件符号的对应关系

序号	元件名称	元件实物	EPLAN 默认的元件标识符	常用元件标识符	元件符号
1	五芯工业电源插头		X	XP	
2	电动机保护断路器		Q	QF	
3	接触器		K	KM	线圈　　主触点　　辅助触点
4	三相异步电动机		M	M	$M \atop 3\sim$
5	按钮		S	SB	
6	急停开关		S	S	

(五) 放置元件符号

1. 插入元件符号

元件符号是电气原理图的核心，因此绘制电气原理图的首要工作就是放置元件符

号。如图 1 – 2 – 10 所示，选择菜单栏中的【插入】→【符号】选项；或如图 1 – 2 – 11 所示，在绘图区空白处单击鼠标右键，选择【插入符号】命令；或按 Insert 键，打开 "符号选择" 对话框，如图 1 – 2 – 12 所示，插入 "电机保护开关" 符号。

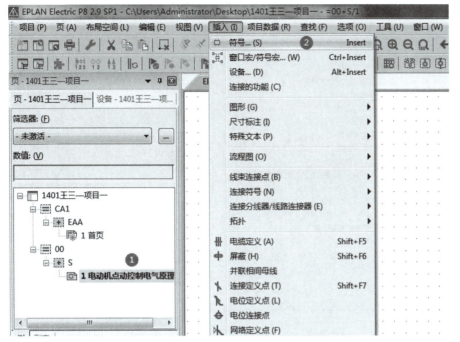

图 1 – 2 – 10 插入元件符号方法 1

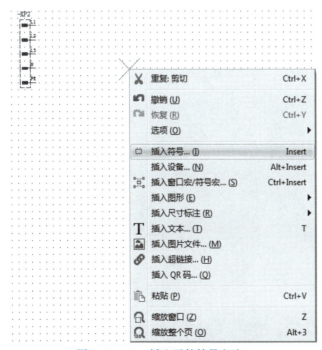

图 1 – 2 – 11 插入元件符号方法 2

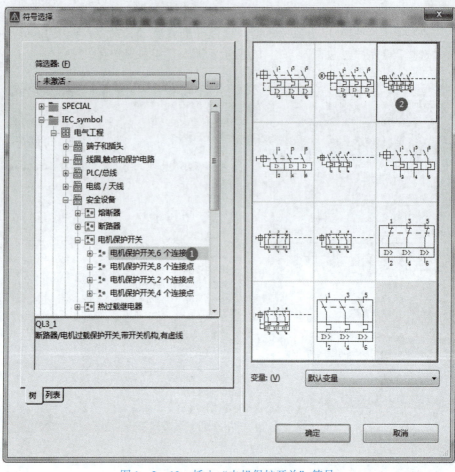

图 1 - 2 - 12　插入"电机保护开关"符号

2. 放置元件符号

如图 1 - 2 - 13 所示，将"电机保护开关"符号移动到图纸的相应位置，单击放置元件符号。

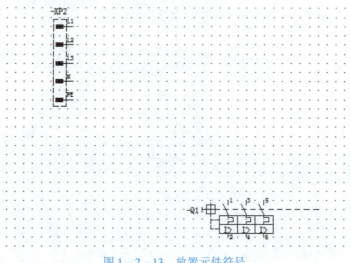

图 1 - 2 - 13　放置元件符号

3. 修改元件属性

放置元件符号后自动弹出元件符号属性对话框，如图 1 – 2 – 14 所示，填写属性内容。通过单击鼠标右键选择确定或按 Enter 键结束操作。元件符号属性内容显示效果如图 1 – 2 – 15 所示。

（1）设备标识符：用于识别该设备的名称，EPLAN 默认在设备标识符前面加符号"–"，这样有利于区分图纸中的符号和图形。

（2）连接点代号：设备引脚编号。例如交流接触器线圈的进线端的编号是 A1，出线端的编号是 A2。

（3）技术参数：用于描述设备的技术参数。

（4）功能文本：用于描述设备的主要功能。

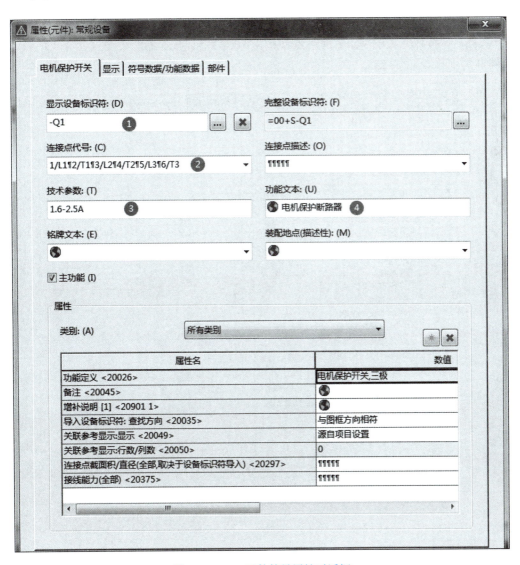

图 1 – 2 – 14　元件符号属性对话框

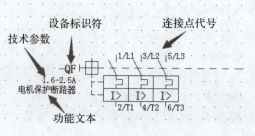

图 1 – 2 – 15　元件符号属性内容显示效果

4. 放置其他元件符号

下面分别介绍五芯工业电源插头（图 1 – 2 – 16）、接触器主触点（图 1 – 2 – 17）、三相交流异步电动机（图 1 – 2 – 18）电动机保护断路器的 NO 辅助触点（图 1 – 2 – 19）、自复位按钮开关的 NO 辅助触点（图 1 – 2 – 20）、接触器的线圈（图 1 – 2 – 21）、急停开关（图 1 – 2 – 22）。

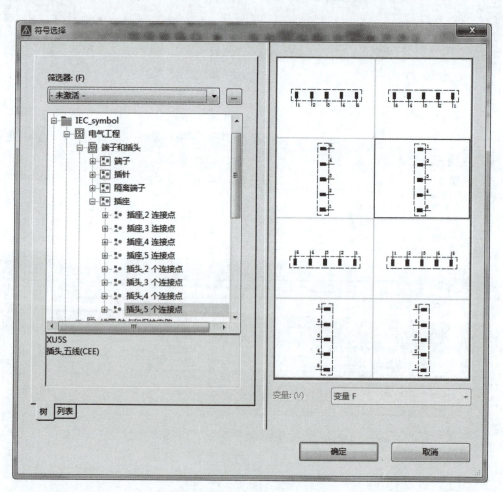

图 1 – 2 – 16　五芯工业电源插头

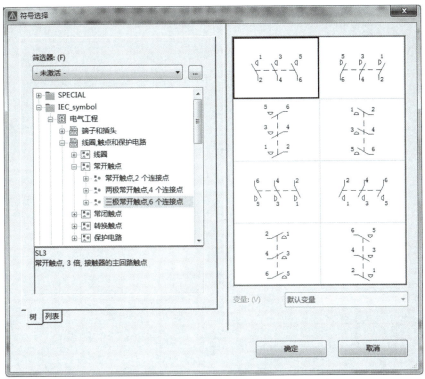

图 1 - 2 - 17　接触器主触点

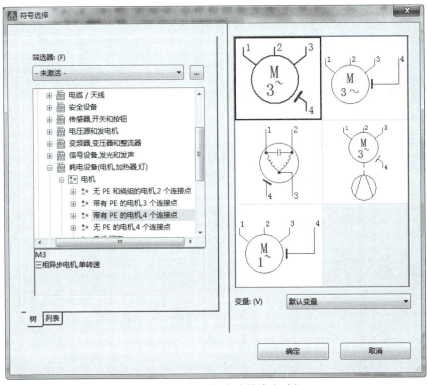

图 1 - 2 - 18　三相交流异步电动机

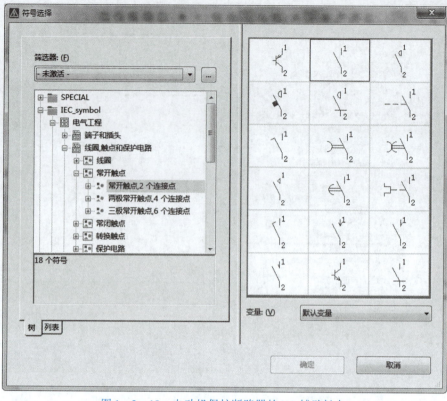

图 1-2-19　电动机保护断路器的 NO 辅助触点

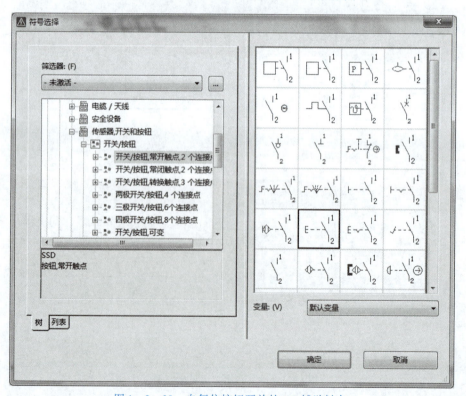

图 1-2-20　自复位按钮开关的 NO 辅助触点

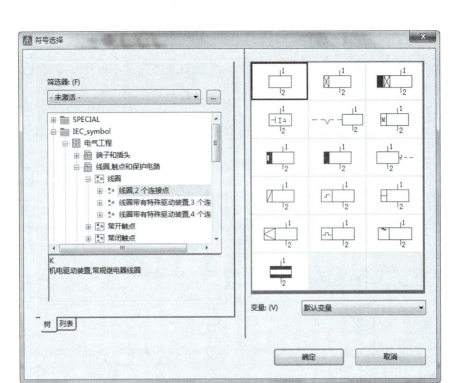

图 1 - 2 - 21   接触器的线圈

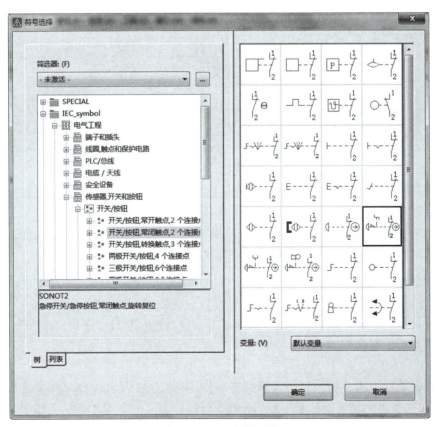

图 1 - 2 - 22   急停开关

（六）选择元件符号变量

一个元件符号通常有 A～H 8 个变量和 1 个触点映像变量。所有元件符号变量共有相同的属性，以元件符号电动机保护断路器 QL3 为例，如图 1-2-23 所示，它有 8 个变量。以 A 变量为基准，逆时针旋转 90°，形成 B 变量，同理依次逆时针旋转 90°，分别形成 C 变量和 D 变量，而 E、F、G、H 变量分别为 A、B、C、D 变量的镜像显示。

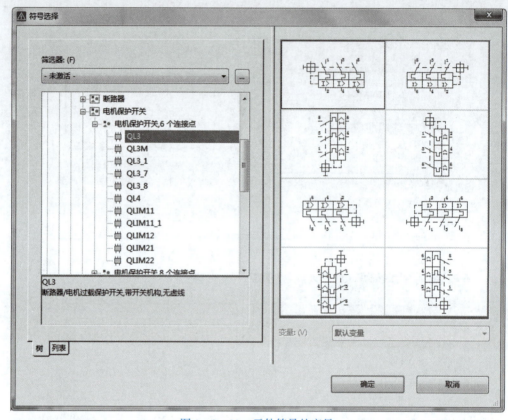

图 1-2-23　元件符号的变量

当所选的元件符号附在鼠标指针上时，可以按住 Ctrl 键，同时移动旋转鼠标，选择不同变量的元件符号；或者按 Tab 键，选择元件符号变量。如果元件符号已经被放置在图纸中，则可以通过打开元件符号属性对话框，在"符号数据/功能数据"选项卡中，打开"变量"下拉列表，选择不同的变量，如图 1-2-24 所示。

（七）使用连接符号

在 EPLAN 电气原理图绘制中，连接符号时一定要打开栅格捕捉功能，各个元件符号、连接符号之间的连接点水平或垂直对齐时即自动连线。连线模式主要有角连接和 T 节点连接两种模式。

使用连接符号

1. 角连接模式

选择菜单栏中的【插入】→【连接符号】选项或在工具栏中用鼠标左键选中一个图 1-2-25 所示的角连接符号，按 Tab 键即可以在这 4 种符号之间循环切换。

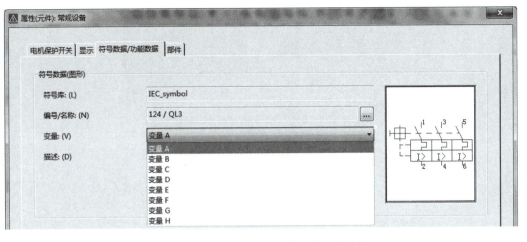

图 1 - 2 - 24　已放置元件符号变量的选择

图 1 - 2 - 25　角连接符号

2. T 节点连接模式

T 节点是电气原理图中用于分支连接的符号。如图 1 - 2 - 26 所示，T 节点有 3 个连接点，没有名称的点表示连接起点，"1" 和 "2" 表示目标顺序，通过直线箭头找到目标 1，通过斜线找到目标 2，可以理解为实际项目中的电路并联。这些信息都将在连接图标、接线表和设备接线图中显示。

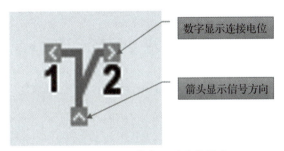

图 1 - 2 - 26　T 节点显示连接顺序

选择菜单栏中的【插入】→【连接符号】选项或在工具栏中用鼠标左键选中一个图 1 - 2 - 27 所示的 T 节点连接符号，确定导线的 T 节点插入位置，出现红色的连接线，表示电气连接成功。放置 T 节点时按住 Tab 键，可以旋转 T 节点连接符号。双击插入的 T 节点可以弹出图 1 - 2 - 28 所示的 T 节点属性对话框，在该对话框中以修改 T 节点连接顺序。导线放置完毕后，单击鼠标右键选择【取消操作】命令或按 Esc 键即可退出操作。

图 1 - 2 - 27　T 节点连接符号

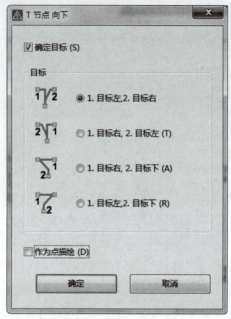

图 1 - 2 - 28　T 节点属性对话框

图 1 - 2 - 29 所示为角连接和 T 节点连接的常见用法举例。在绘制电气原理图时，要正确表达接线工艺，则需要选择合适的 T 节点连接符号。例如图 1 - 2 - 30 表达的是从按钮 SB1 进线端分别引线至熔断器 FU2 和接触器 KM 辅助触点，同理按钮 SB1 出线端的接线方式亦是如此。

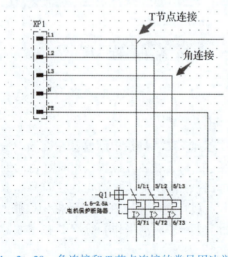

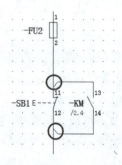

图 1 - 2 - 29　角连接和 T 节点连接的常见用法举例　　图 1 - 2 - 30　T 节点向右的上下出线用法

（八）元件属性补录

在电气原理图上放置的所有元件符号都具有自身的特定属性，在放置好每一个元件符号后，应该对其属性进行正确的编辑和设置。通过对元件符号及其属性的设置，一方面可以确定后续生成的网络报表的部分内容，另一方面可以设置元件符号及其在图纸上的摆放效果。双击电气原理图中的元件符号或设备，或在元件符号上单击鼠标右键，在弹出快捷菜单选择【属性】命令或将元件符号或设备放置到电气原理图中后，自动弹出元件符号属性对话框，如图 1 – 2 – 31 所示。

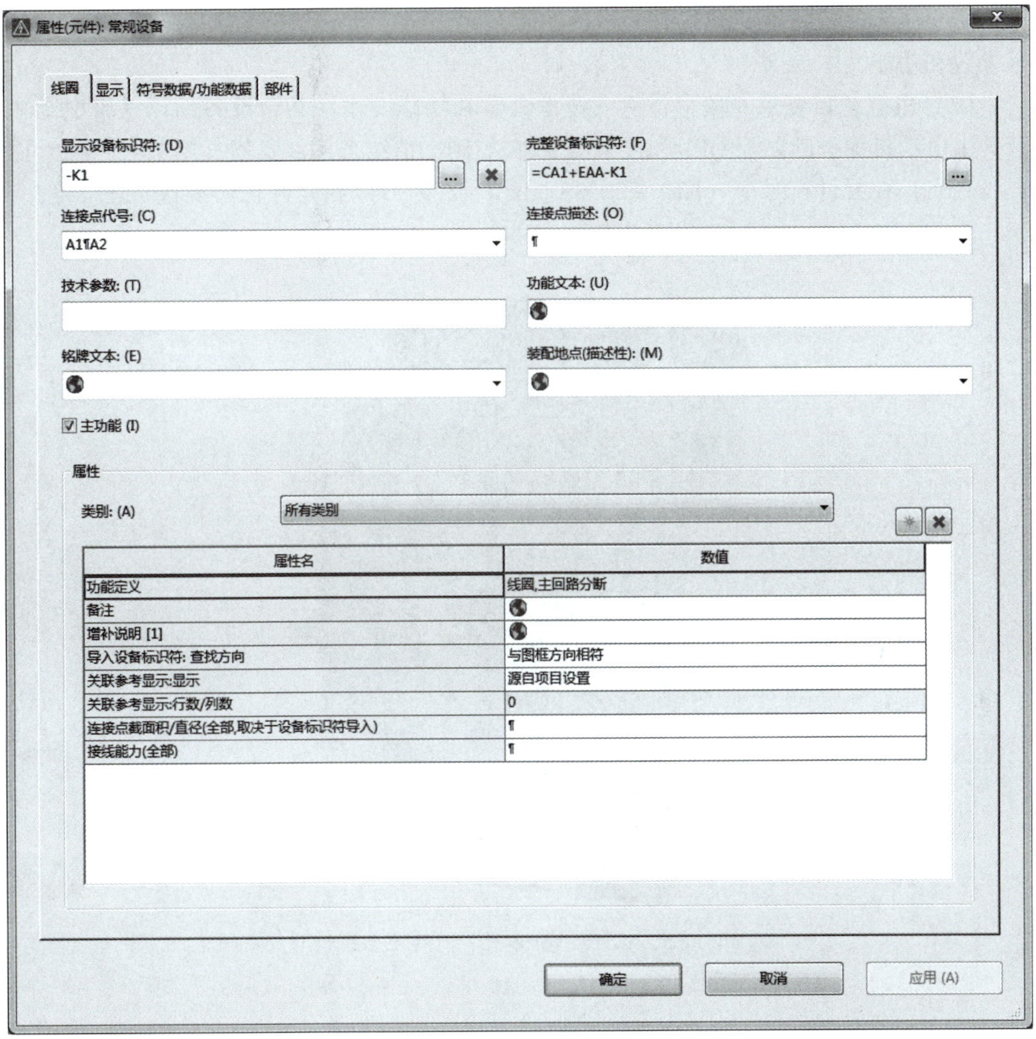

图 1 – 2 – 31　元件符号属性对话框

五、任务实施

（1）根据客户委托要求，用 EPLAN Electric P8 2.9 软件完成电动机点动控制和自锁控制电气原理图设计与绘制。图纸要求如下。

①在项目一中新建多线原理图（交互式）页，页名为"=00+S/1"，页描述为"电动机点动控制电气原理图"；再新建页，页名为"=00+G1/2"，页描述为"电动机自锁控制电气原理图"。

②主电路采用电动机保护断路器，对电动机进行过载保护和短路保护。

③通过接触器实现电动机的点动控制和自锁连续运行控制。

④采用工业五芯电源插头，以方便维护和移动。

⑤图纸中的元件符号连接点与实际元件端子代号保持一致。

⑥使用启动和急停按钮，按钮的颜色必须符合 EN 60204 – 1 中的规定。

⑦为便于设备的维护和保养、增强图纸的可读性，需要为元件符号添加必要的技术参数和功能文本。

（2）根据题目要求，填写合适的技术参数和功能文本。某台设备的传送带电动机开关由电动机保护断路器 QF1 和接触器 KM3 控制，请结合元件实物（图1 – 2 – 32、图1 – 2 – 35）在元件符号上（图1 – 2 – 33、图1 – 2 – 36）和元件符号属性（图1 – 2 – 34、图1 – 2 – 37）中填写技术参数和功能文本。

图 1 – 2 – 32　电动机保护断路器（电动机保护开关）

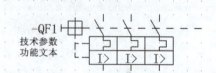

图 1 – 2 – 33　电动机保护断路器符号

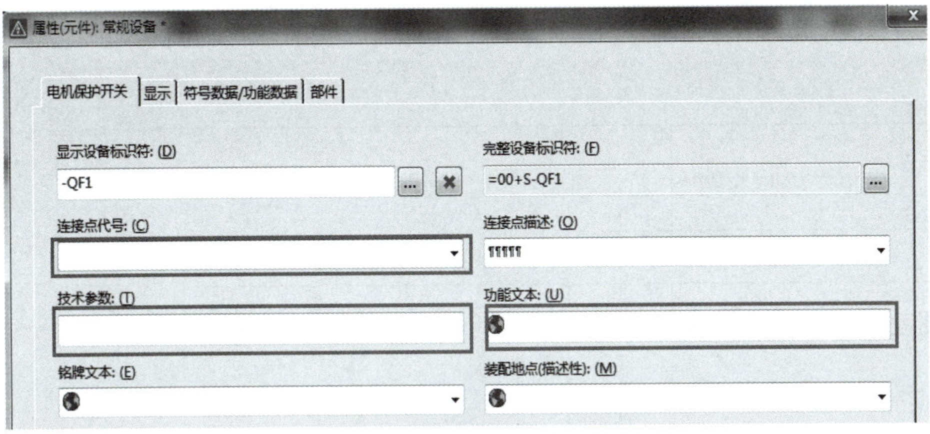

图 1－2－34　电动机保护断路器符号属性

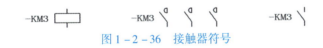

图 1－2－35　接触器

－KM3　　　　　－KM3　　　　　－KM3

图 1－2－36　接触器符号

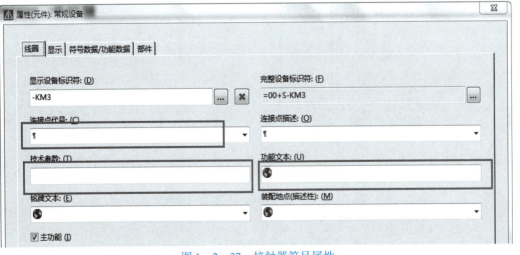

图 1－2－37　接触器符号属性

（3）完成图 1-2-38、图 1-2-39 所示两张图纸的绘制。

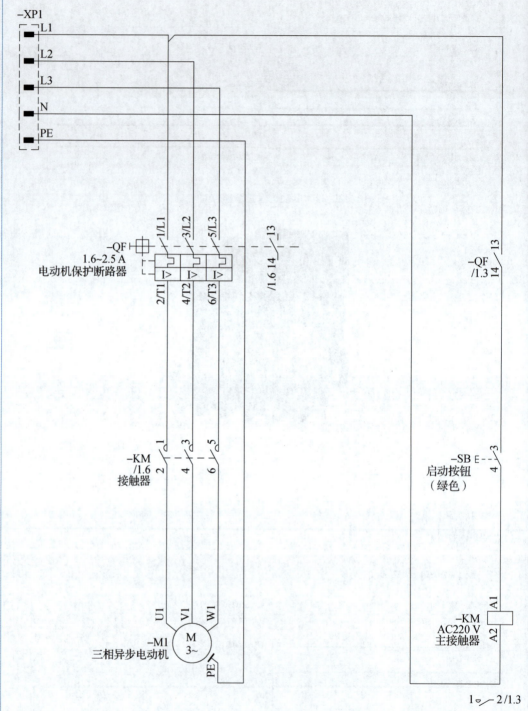

图 1-2-38　电动机点动控制电气原理图

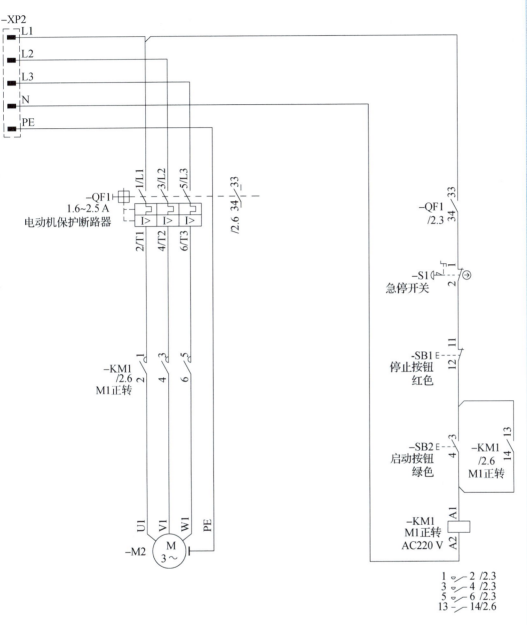

图 1 – 2 – 39　电动机自锁控制电气原理图

六、检查与交付

(一) 学习任务评价

按照表 1 – 2 – 3 进行自查，完成后交给教师评分，必要时做相关讲解或演示说明；进行目测检查，检查每个检查点是否有问题存在，记录检查结果，若无问题则交付验收。

学习笔记

表1-2-3 学习任务1.2评价

评价类型	赋分	序号	检查点	分值	自评	组评	师评
职业能力	50	1	图纸页类型选择正确	5			
		2	图纸基本信息按要求填写	5			
		3	元件符号对齐到栅格	5			
		4	项目命名正确	5			
		5	正确使用连接符号表达接线工艺	5			
		6	元件符号使用正确	5			
		7	连接点代号与实际元件端子号保持一致	5			
		8	元件符号的功能文本正确合理	5			
		9	电气原理图整体美观大方，元件符号间距合理且一致	5			
		10	电气原理图能实现功能要求	5			
职业素养	30	1	按时出勤	5			
		2	按时完成	5			
		3	按标准规范操作	5			
		4	互相协助，解决难点	5			
		5	工位保持干净整洁	5			
		6	持续改进优化	5			
素养评价	20	1	搜索"素养小贴士"相关素材	10			
		2	谈一谈对"职业素养中规范意识"的看法	10			
评价系数				1	0.2	0.2	0.6
总分				100			

（二）成果分享和总结

将成果向同学展示，总结工作中的收获、遇到的问题和改进措施。

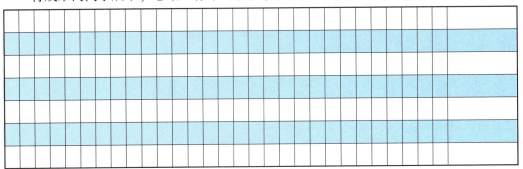

七、思考与提高

（1）元件符号属性中的"显示设备标识符"和"完整设备标识符"有什么区别？

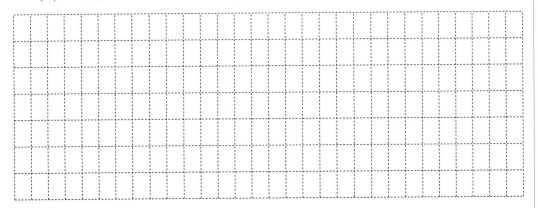

（2）如何描述一个完整的系统或成套设备的结构？其完整的结构代号由哪几部分组成？

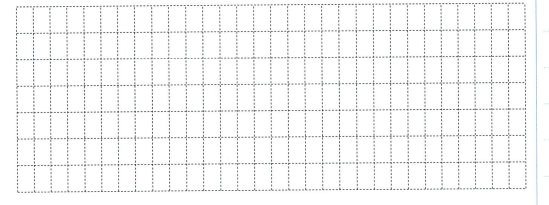

学习任务1.3　绘制CA6140普通车床主电路图

一、任务目标

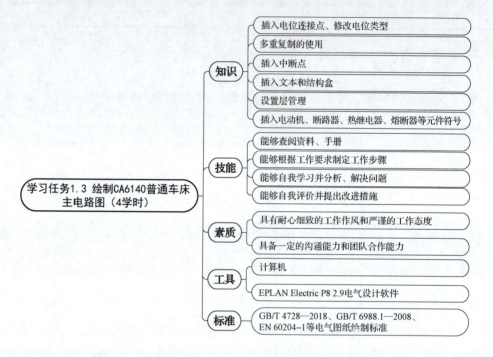

学习任务1.3 绘制CA6140普通车床主电路图（4学时）

知识
- 插入电位连接点、修改电位类型
- 多重复制的使用
- 插入中断点
- 插入文本和结构盒
- 设置层管理
- 插入电动机、断路器、热继电器、熔断器等元件符号

技能
- 能够查阅资料、手册
- 能够根据工作要求制定工作步骤
- 能够自我学习并分析、解决问题
- 能够自我评价并提出改进措施

素质
- 具有耐心细致的工作作风和严谨的工作态度
- 具备一定的沟通能力和团队合作能力

工具
- 计算机
- EPLAN Electric P8 2.9电气设计软件

标准
- GB/T 4728—2018、GB/T 6988.1—2008、EN 60204−1等电气图纸绘制标准

二、素养小贴士

培养目标导向的思维方法

　　利用 EPLAN Electric P8 2.9 软件设计 CA6140 车床主电路图时，必须以客户委托要求作为设计的出发点，切不可闭门造车，要逐步形成目标导向的思维方法，在实践中不断提高自己的职业技能水平。

　　素质拓展：

三、任务描述

根据客户委托要求，使用 EPLAN Electric P8 2.9 软件绘制 CA6140 普通车床主电路图，并向客户交付资料。图纸要求如下。

（1）新建多线原理图（交互式）页，绘制 CA6140 普通车床的主电路图。

（2）用三个三相鼠笼异步电动机，分别用作主轴电动机、刀架快速移动电动机和冷却泵电动机。

（3）主轴电动机和冷却泵电动机为连续运动的电动机，分别利用热继电器作过载保护；刀架快速移动电动机为短时工作电动机，因此不设过载保护；用熔断器对主电路进行短路保护。

（4）通过接触器的主触点控制电动机的启动和停止、主轴电动机的正转和反转。

（5）图纸中的元件符号连接点与实际元件端子代号保持一致。

（6）有启动和急停按钮，按钮的颜色必须符合 EN 60204-1 中的规定。

（7）主进线电源采用 3/N/PE 400/230 V 50 Hz。

（8）为便于设备的维护和保养、增强图纸的可读性，需要为元件符号添加必要的技术参数和功能文本。

四、知识准备

插入电位连接点

（一）插入电位连接点

电位连接点用于定义电位。可以为其设定电位类型（L、N、PE、+、-等）。其图形看起来像端子，但它不是真实的设备。电位连接点一般位于图纸中电源进入或起始位置。插入电位连接点的目的主要是在图纸中设定不同的电位。

选择菜单栏中的【插入】→【电位连接点】命令（图 1-3-1），或单击"连接"工具栏中的【电位连接点】按钮 ⚏ 可插入电位连接点，弹出电位连接点属性对话框，如图 1-3-2 所示。在"电

图 1-3-1　插入电位连接点

位名称"框中输入"L1"。"电位类型"选择"L"。同理，插入电位连接点 L2、L3、N、PE，且将电位连接点 L2 和 L3 的"电位类型"选择"L"，将电位连接点 N 和电位连接点 PE 的"电位类型"分别选择"N"和"PE"，完成结果如图 1-3-3 所示。

图 1-3-2　电位连接点属性对话框

（二）元件符号的多重复制

在电气原理图的绘制过程中，某些同类型、同属性的元件符号可能需要绘制多个，如开关、端子，为了提高工作效率，可以通过【多重复制】命令完成，具体操作步骤如下。

（1）以多重复制电位连接点为例，选中需要复制的电位连接点 L1，选择菜单栏中的【编辑】→【多重复制】命令或单击鼠标右键【多重复制】命令，输入字母"S"，弹出"选择增量"对话框（图 1-3-4），输入复制元件符号的增量，其中，不勾选"使用图形坐标"复选框，坐标数字表示栅格的个数。

（2）单击【确定】按钮，确定第一个复制对象的位置，弹出"多重复制"对话框（图 1-3-5），设置复制的数量，即复制后元件个数为"4（复制对象）+1（源对象）"。多重复制 4 个电位连接点 L1，如图 1-3-6 所示。

（3）如果复制的是元件符号（这里以复制电动机保护断路器为例），则在完成多重复制数量设置后，还会弹出"插入模式"对话框（图 1-3-7），如果选择"不更改"模式，则电动机保护断路器多重复制（2个）的效果如图 1-3-8 所示。

图 1-3-3　放置的
电位连接点

图 1-3-4 "选择增量" 对话框

图 1-3-5 "多重复制" 对话框图　　　图 1-3-6 多重复制电位连接点 L1

图 1-3-7 "插入模式" 对话框

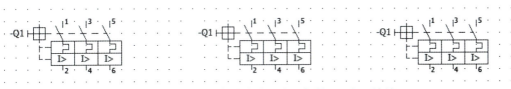

图 1-3-8 电动机保护断路器多重复制（2 个）效果

（三）插入中断点

1. 中断点的作用

电气原理图分散在众多图纸页中，它们之间的联系依靠中断点实现。中断点表示两张图纸使用同一根导线，互为关联参考，单击某一中断点，可自动跳转到关联的另一中断点。

2. 插入中断点

选择菜单栏中的【插入】→【连接符号】→【中断点】命令或直接单击工具栏中的 ↦ 按钮，在放置中断点前，可使用 Tab 键或 Ctrl 键 + 移动鼠标改变中断点的插入方向，放置后也可使用 "Ctrl + R" 组合键改变中断点的插入方向。

3. 设置中断点属性

放置好中断点后，弹出中断点属性对话框（图1-3-9），修改/选择项目信息相关条目。修改/选择条目如下：

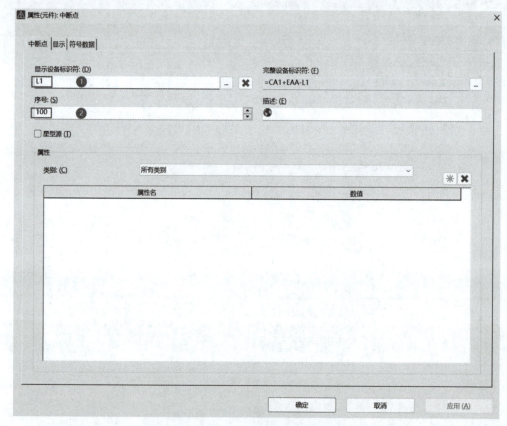

图1-3-9　中断点属性对话框

（1）显示设备标识符：用设备编号 + 设备连接点代号作为编号规则，此处修改为 "L1"；

（2）序号：如果有多个相同的设备标识符，则可以用符号进行区分，此处修改为 "100"；

（3）属性排列：文本显示方向（图1-3-10），选择"默认（右，0°）"选项。

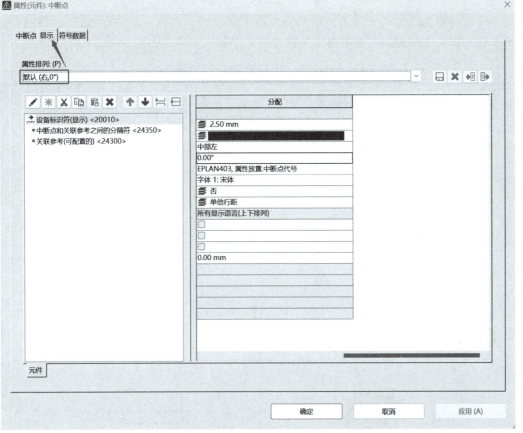

图1-3-10 中断点文本显示方向

插入中断点完毕后，单击鼠标右键选择【取消操作】命令或Esc键即可退出操作。中断点一般成对出现，一一对应，且一般不在一张图纸上，如图1-3-11所示，"L1"后面的"/3.0"表示该中断点关联跳转至第3页图纸的第0列，按住"Ctrl"键并单击"3.0"便可自动跳转至中断点"L1/2.9"，中断点"N"同理；图1-3-11中左图中的"L2""L3""PE"中断点没有配对，因此后面没有形成关联地址。

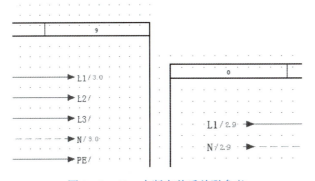

图1-3-11 中断点前后关联参考

（四）元件实物和元件符号的对应关系

要绘制规范的电气原理图，应熟知元件实物、元件名称、元件标识符、元件符号的基础知识。下面介绍与本学习任务相关的元件基本知识，见表 1 - 3 - 1。

表 1 - 3 - 1　元件实物、元件标识符、元件符号的对应关系

序号	元件名称	元件实物	EPLAN 默认元件标识符	常用元件标识符	元件符号
1	电源开关		Q	QF	
2	熔断器		F	FU	
3	热继电器		F	FR	

（五）插入接触器主触点符号

1. 选择接触器主触点符号

插入接触器主触点符号时，一般不采用有 6 个连接点的主触点，而是选择菜单栏中的【插入】→【符号】命令，弹出"符号选择"对话框，如图 1 - 3 - 12 所示，选择"常开触点，主触点"。

插入接触器
主触点符号

2. 放置接触器主触点符号

放置接触器主触点符号的方法：可通过拖放的方式快速放置符号，即选择好待放置的符号，在起始位置按住鼠标左键不松开，移动鼠标到另一个位置，在两个位置中间凡是有电气连接点的位置都会放置该符号，如图 1 - 3 - 13 所示。

3. 修改设备标识符和连接点代号

完成放置后，接触器位置出现设备标识符 " - ？K1"，并且每组连接点都是 "1 ¶ 2"。由于接触器主触点提供辅助功能，还不能确认插入的接触器主触点的主功能（线圈）是哪一个，所以 EPLAN 给出"？"的提示，如图 1 - 3 - 14 所示，要求设计者定义正确的设备标识符。

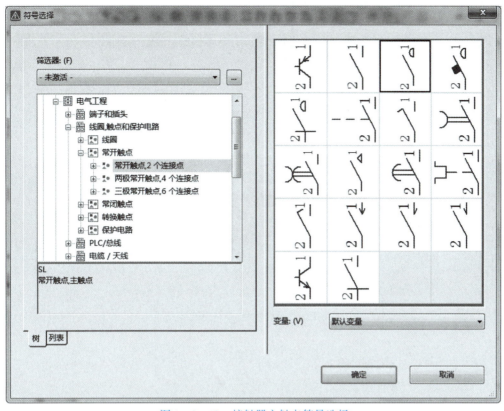

图 1 – 3 – 12 接触器主触点符号选择

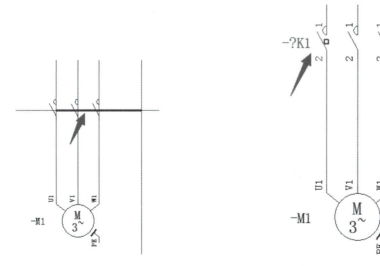

图 1 – 3 – 13 放置接触器主触点　　　图 1 – 3 – 14 修改接触器主触点设备标识符

　　水平放置的符号如果没有定义设备标识符，就会继承水平方向前一个设备标识符，因此本例中第二组和第三组的接触器主触点命名都是"– ？K1"，依次进入第二组和第三组接触器主触点的"属性（元件）：常规设备"对话框（图 1 – 3 – 15），分别修改这两组连接点代号为"3 ¶ 4""5 ¶ 6"。如图 1 – 3 – 16 所示，将第一组的接触器主触点命名修改为"－KM1",输入功能文本"正转"。

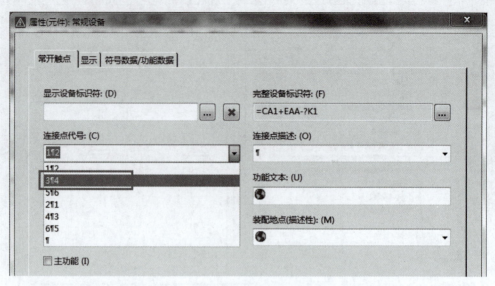

图1－3－15 修改接触器主触点连接点代号

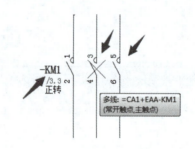

图1－3－16 修改完的接触器主触点

(六) 放置元件符号

1. 选择元件符号

在绘图区空白处单击鼠标右键选择【插入符号】命令,打开"符号选择"对话框,在"安全设备"类别中分别选择安全开关符号(图1－3－17)、三级熔断器符号(图1－3－18)、热过载继电器符号(图1－3－19)。

2. 修改元件符号属性

放置元件符号后自动弹出元件符号属性对话框,以插入电动机符号为例,如图1－3－20所示,填写属性内容。通过单击鼠标右键选择确定或按 Enter 键结束操作。元件符号属性内容显示效果如图1－3－21所示。

(1) 显示设备标识符:用于识别该设备的名称,EPLAN 默认在设备标识符前面加符号"－",这样有利于区分图纸中的符号和图形。

(2) 连接点代号:设备引脚编号。

(3) 功能文本:用于描述设备的主要功能。

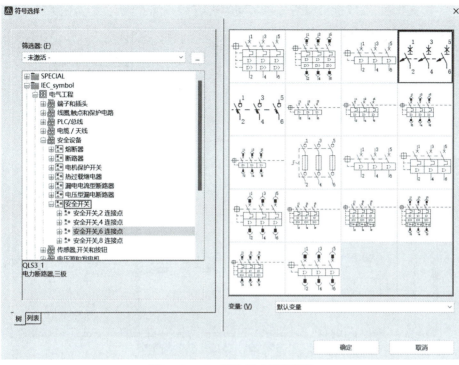

图 1 - 3 - 17 插入安全开关符号

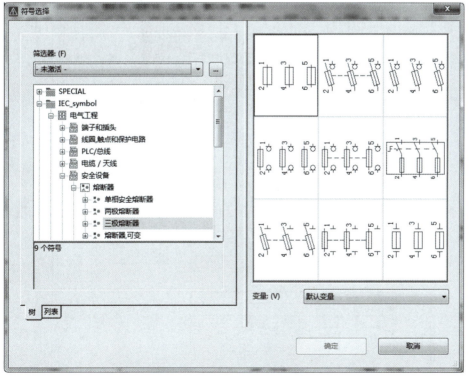

图 1 - 3 - 18 插入三级熔断器符号

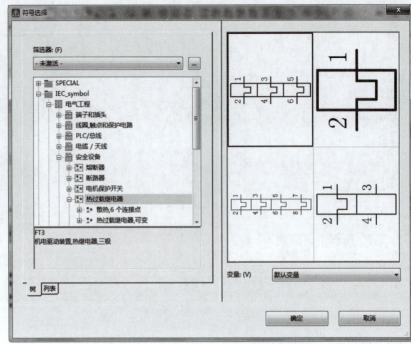

图 1 - 3 - 19　插入热过载继电器符号

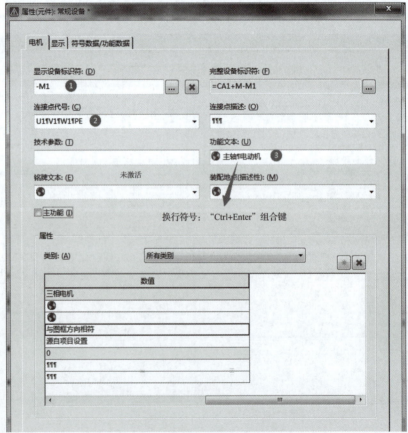

图 1 - 3 - 20　元件符号属性对话框

图 1 - 3 - 21　元件符号属性内容显示效果

（七）插入文本

选择菜单栏中的【插入】→【图形】→【文本】命令，或单击工具栏中的 **T** 按钮，弹出"属性（文本）"对话框，如图 1 - 3 - 22 所示。打开"格式"选项卡，如图 1 - 3 - 23 所示，设置"字号"为"2.50 mm"，设置"方向"为"底部居中"，单击【确定】按钮。输入文本后，移动光标放置文本，如图 1 - 2 - 24 所示。

插入文本

图 1 - 3 - 22　"属性（文本）"对话框

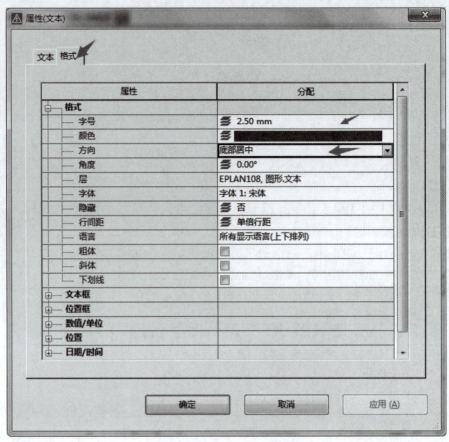

图1-3-23 "格式"选项卡

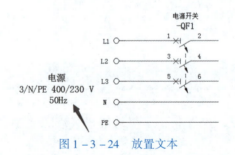

图1-3-24 放置文本

(八) 结构盒

结构盒不是设备，没有设备标识名称，结构盒不能被选型。结构盒是指具有同一位置，功能相近或具有相同页结构的一个组合，用来区分同一页电气原理图中不同位置设备的定义。例如：在页位置代号+G1柜内的设备在实际安装时置于柜外的+S传送带下，那么可以通过给该设备加一个结构盒定义其位置在+S。

选择菜单栏中的【插入】→【盒子/连接点/安装板】→【结构盒】命令或单击工具栏中的 按钮，或按组合键"Ctrl+F11"，将鼠标移动到需要插入结构盒的位置，单击确定结构盒的一个顶点，移动光标到合适的位置再一次单击确定对角顶点，如图1-3-25所示，即可完成结构盒的插入，然后弹出"属性（元件）：结构盒"对话框，在"显示设备标识符"框中输入"+M"，如图1-3-26所示，按Esc键即可退出操作。

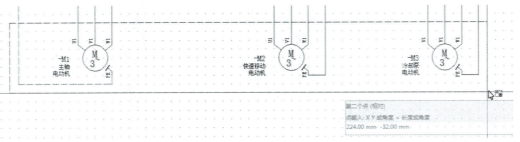

图1-3-25 插入结构盒

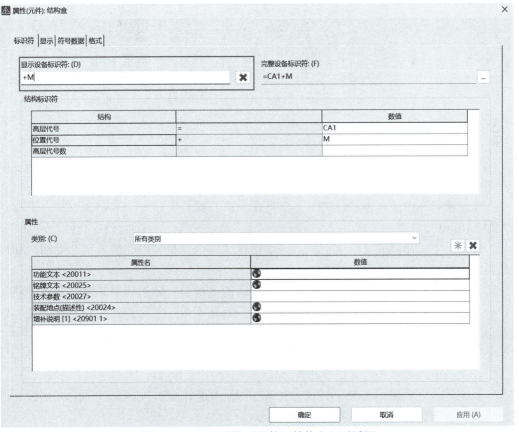

图1-3-26 "属性（元件）结构盒"对话框

（九）层管理设置

为了帮助用户进行电位检查，在 EPLAN 中可以用层管理设置打印和图形编辑器中的元素属性，如线宽、线型、颜色、字号等，可以利用层显示或隐藏某些打印或输出的信息。

层管理设置

选择菜单栏中的【项目数据】→【层管理】命令，弹出"层管理"对话框，如图1-3-27所示，修改 EPLAN541、EPLAN542 图层颜色分别为淡蓝色和绿色，线型分别为虚线和点划线。修改完毕后单击工具栏中的"更新连接"按钮方可显示。

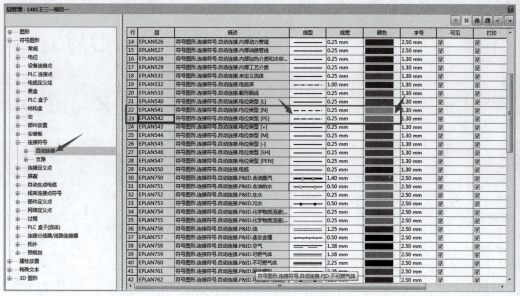

图 1 - 3 - 27　修改电位图层

五、任务实施

（1）根据客户委托要求，用 EPLAN Electric P8 2.9 软件完成 CA6140 普通车床主电路图的设计与绘制。图纸要求如下。

①在项目一中新建多线原理图（交互式）页，页名为"= CA1 + EAA/2"，页描述为"CA6140 主电路图"。

②用 3 个三相鼠笼异步电动机，分别用作主轴电动机、刀架快速移动电动机和冷却泵电动机。

③主轴电动机和冷却泵电动机为连续运动的电动机，分别利用热继电器作过载保护；刀架快速移动电动机为短时工作电动机，因此不设过载保护；用熔断器对主电路进行短路保护。

④通过接触器主触头控制电动机的启动和停止、主轴电动机的正转和反转。

⑤图纸中的元件符号连接点与实际元件端子代号保持一致。

⑥主进线电源采用 3/N/PE 400/230 V 50 Hz，其中 N 和 PE 相线分别选用虚线和点划线线型，颜色分别选用浅蓝色和绿色显示。

⑦为便于设备的维护和保养、增强图纸的可读性，需要为元件符号添加必要的技术参数和功能文本。

（2）电动机的认识。

①某 CA6140 普通车床的主轴电动机的铭牌如图 1 - 3 - 28 所示，电源的线电压为 380 V，根据铭牌，定子绕组做_____连接（星形、三角形），电动机的额定功率是_____；额定电流是_____。对应的热继电器整定电流范围为 $(1.1 \sim 1.3)\ I_n =$ _____；如果根据整定电流选择热继电器的型号，那么如图 1 - 3 - 29 所示，应该选择型号为_____的热继电器。

学习笔记

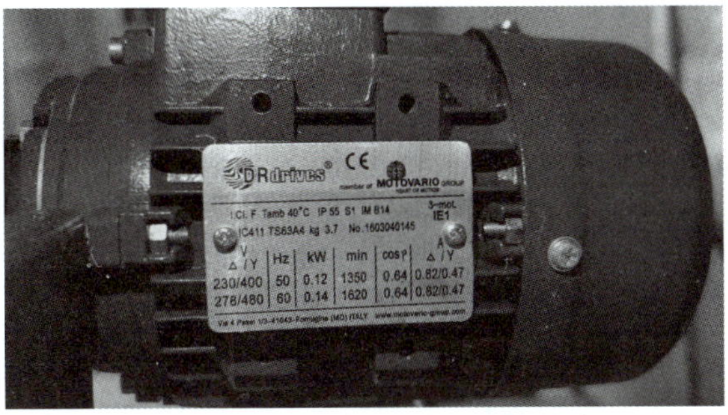

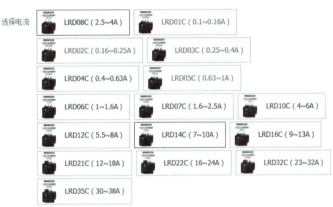

图 1－3－28　三相异步电动机铭牌

选择电流
LRD08C (2.5~4A)
LRD01C (0.1~0.16A)
LRD02C (0.16~0.25A)
LRD03C (0.25~0.4A)
LRD04C (0.4~0.63A)
LRD05C (0.63~1A)
LRD06C (1~1.6A)
LRD07C (1.6~2.5A)
LRD10C (4~6A)
LRD12C (5.5~8A)
LRD14C (7~10A)
LRD16C (9~13A)
LRD21C (12~18A)
LRD22C (16~24A)
LRD32C (23~32A)
LRD35C (30~38A)

图 1－3－29　热继电器选型

②结合元件实物在元件符号属性对话框（图 1－3－30）中填写连接点代号、技术参数、功能文本和铭牌文本。

属性(元件): 常规设备 *
电机 显示 符号数据/功能数据 部件
显示设备标识符: (D)
完整设备标识符: (F)
=+
连接点代号: (C)
连接点描述: (O)
技术参数: (T)
功能文本: (U)
铭牌文本: (E)
装配地点(描述性): (M)
主功能 (I)
属性
类别: (A)
所有类别
属性名
数值
功能定义 <20026>
三相电机
备注 <20045>
增补说明 [1] <20901 1>
导入设备标识符: 查找方向 <20035>
与图框方向相符
关联参考显示:显示 <20049>
源自项目设置
关联参考显示:行数/列数 <20050>
0
连接点截面积/直径(全部,取决于设备标识符导入) <20297>
接线能力(全部) <20375>
确定
取消
应用 (A)

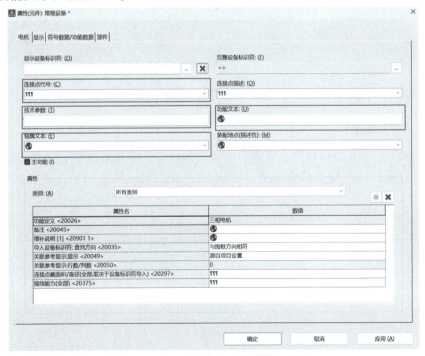

图 1－3－30　编辑电动机元件各参数

（3）完成 CA6140 普通车床主电路图（图 1 − 3 − 31）的绘制。

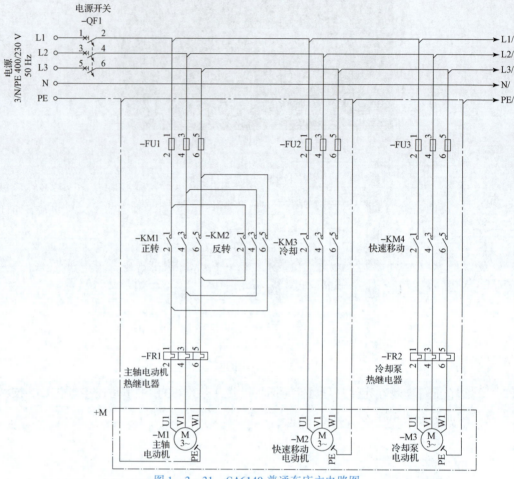

图 1 − 3 − 31　CA6140 普通车床主电路图

六、检查与交付

（一）学习任务评价

按照表 1 − 3 − 2 进行自查，完成后交给教师评分，必要时做相关讲解或演示说明；进行目测检查，检查每个检查点是否有问题存在，记录检查结果，若无问题则交付验收。

表 1 − 3 − 2　学习任务 1.3 评价

评价类型	赋分	序号	检查点	分值	自评	组评	师评
职业能力	50	1	图纸页类型选择正确	5			
		2	图纸基本信息按要求填写	5			
		3	元件符号对齐到栅格	5			
		4	项目命名正确	5			

评价类型	赋分	序号	检查点	分值	自评	组评	师评
职业能力	50	5	正确使用连接符号表达接线工艺	5			
		6	元件符号使用正确	5			
		7	连接点代号与实际元件端子号保持一致	5			
		8	元件符号的功能文本正确合理	5			
		9	电气原理图整体美观大方，元件符号间距合理且一致	5			
		10	层管理和结构盒使用正确	5			
职业素养	30	1	按时出勤	5			
		2	按时完成	5			
		3	按标准规范操作	5			
		4	互相协助，解决难点	5			
		5	工位保持干净整洁	5			
		6	持续改进优化	5			
素养评价	20	1	搜索"素养小贴士"相关素材	10			
		2	谈一谈对"目标导向思维方法"的看法	10			
评价系数				1	0.2	0.2	0.6
总分				100			

（二）成果分享和总结

将成果向同学展示，总结工作中的收获、遇到的问题和改进措施。

七、思考与提高

（1）自由文本和属性文本有什么区别？

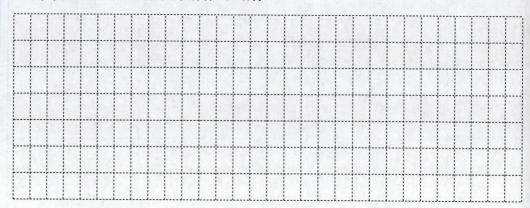

（2）如果电气原理图中的 T 节点以"点"模式显示，则该如何操作？

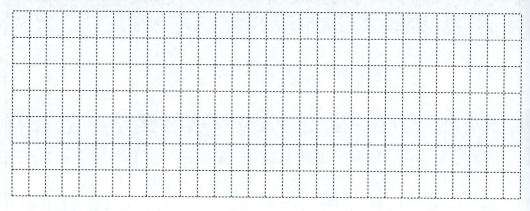

学习笔记

姓名＿＿＿＿＿ 班级＿＿＿＿＿ 学号＿＿＿＿＿ 组号＿＿＿＿＿

学习任务1.4 绘制CA6140普通车床控制电路图

一、任务目标

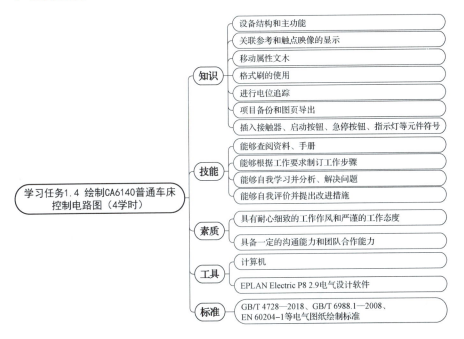

学习任务1.4 绘制CA6140普通车床控制电路图（4学时）

知识
- 设备结构和主功能
- 关联参考和触点映像的显示
- 移动属性文本
- 格式刷的使用
- 进行电位追踪
- 项目备份和图页导出
- 插入接触器、启动按钮、急停按钮、指示灯等元件符号

技能
- 能够查阅资料、手册
- 能够根据工作要求制订工作步骤
- 能够自我学习并分析、解决问题
- 能够自我评价并提出改进措施

素质
- 具有耐心细致的工作作风和严谨的工作态度
- 具备一定的沟通能力和团队合作能力

工具
- 计算机
- EPLAN Electric P8 2.9电气设计软件

标准
- GB/T 4728—2018、GB/T 6988.1—2008、EN 60204-1等电气图纸绘制标准

二、素养小贴士

辩证思维——整体与部分

在 CA6140 普通车床电气图纸设计过程中，需要正确把握整体与部分的关系。CA6140 普通车床电气图纸整体由主电路和控制电路两部分组成，在设计前需要从全局分析并计划先绘制哪些部分，后绘制哪些部分，以便让各部分电路在图纸中得到合理的布置。

素质拓展：

三、任务描述

根据客户委托要求，使用 EPLAN Electric P8 2.9 软件绘制 CA6140 普通车床控制电路图，并向客户交付资料。图纸要求如下。

（1）新建多线原理图（交互式）页，绘制 CA6140 普通车床控制电路图。

（2）主轴电动机需要正反转，因此选用两个接触器控制，控制电路应该具备双重互锁功能，以确保正反转接触器不能同时吸合。

（3）冷却泵电动机只需要单方向旋转，因此采用一个接触器控制。为了满足生产要求，主轴电动机启动后，冷却泵电动机才能启动；当主轴电动机停止运行时，冷却泵电动机也自动停止运行。刀架快速移动电动机采用点动控制。

（4）设有安全控制电路，使得按下启动按钮时主电路接触器得电，按下停止按钮时主电路接触器失电，按下急停按钮时主电路失电，所有电动机停止。

（5）图纸中的元件符号连接点与实际元件端子代号保持一致。

（6）设计相应的指示灯，指示灯和按钮的颜色必须符合 EN 60204-1 中的规定。

（7）控制电路的电源电压采用 220 V，用熔断器对控制电路进行短路保护。

（8）为了便于设备的维护和保养、增强图纸的可读性，需要为元件符号添加必要的技术参数和功能文本。

四、知识准备

（一）设备结构和主功能

类似接触器这样的设备是由不同的元件组成的，这些元件分布在不同类型的图纸页上，这种表达方式称为设备的"分散显示"。在分散显示的设备中，主功能代表设备（例如接触器的线圈）。只有主功能才拥有设备定义。因此，每个设备仅允许存在一个主功能。一个设备内每个组件都用相同的设备标识符进行逻辑关联。例如图 1-4-1 和图 1-4-2 所示，本学习任务中接触器的"线圈"和"常开触点"的标识符都是"-Q2"，"线圈"默认为"主功能"。

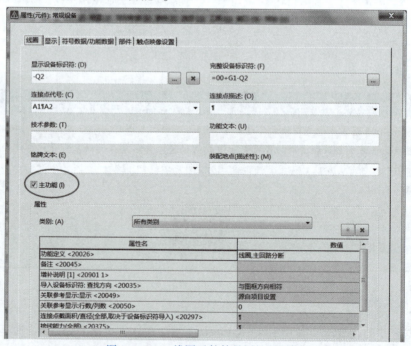

图 1-4-1　线圈元件符号属性对话框

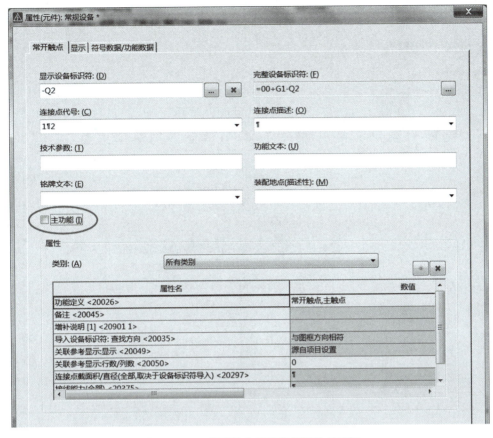

图 1 - 4 - 2   常开触点元件符号属性对话框

（二）关联参考和触点映像

在 EPLAN 中能够自动在主功能和辅助功能间产生关联参考，以方便设计者查询图纸。在设备的关联参考中主功能指向全部辅助功能，每个辅助功能全部指向主功能。例如主电路图中接触器的主触点和控制电路的辅助触点都是接触器的辅助功能，都指向控制电路的线圈，在主功能线圈符号下面显示一组触点，显示的触点叫作"触点映像"，如图 1 - 4 - 3 所示。触点映像是一种特殊的管理参考显示形式，用来显示该接触器所有设备触点及已放置和未放置的功能。触点映像仅是触点的索引，不参与电气原理图中的控制。

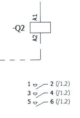

图 1 - 4 - 3   线圈的触点映像

如图 1 - 4 - 4 所示，双击线圈符号，则弹出线圈符号属性对话框，在"显示"选项卡中选择"触点映像"标签，双击"在路径"，弹出"生成触点映像"对话框，"触点映象显示"下拉列表中有两个选项可选——"在路径"和"在元件"，表示触点映像显示的位置。取消勾选"自动对齐"复选框，可以修改触点映像的坐标位置。

关联参考

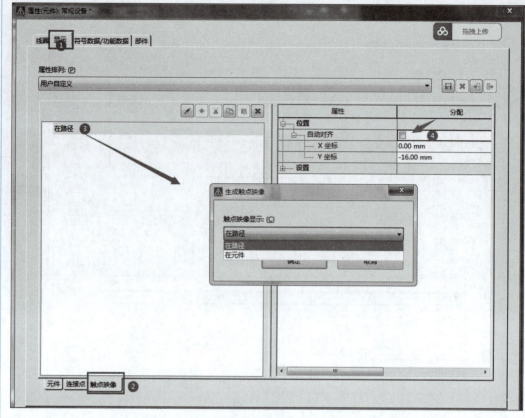

图1-4-4 线圈符号属性对话框的"显示"选项卡

(三)同步功能文本

功能文本属于关联于元件符号属性内的文本。以自锁控制电气原理图为例(图1-4-5),其中接触器KM1的功能是控制M1电动机正转,因此在KM1线圈属性中的"功能文本"为"M1正转",如图1-4-6所示。若将KM1对应的接触器主触点和辅助触动的功能文本同时改为"M1正转",则需要在工具栏中选择【项目数据】→【设备】→【同步功能文本】命令或用鼠标右键单击接触器任一个元件符号,在弹出的菜单中选择【同步功能文本】命令,在弹出的图1-4-7所示的"同步功能文本"对话框中,用鼠标右键单击功能文本"M1正转",然后选择【传输功能文本】命令,不需要同步功能文本的触点可以空白,然后单击【确定】按钮。同步功能文本后的效果如图1-4-8所示。

同步功能文本和格式刷使用

(四)移动属性文本

在设计电气原理图时,经常需要对元件进行描述。属性文本就是用来描述电气原理图中相应元件符号上组件属性的。例如单击图1-4-9(左)所示的断路器,弹出"属性(元件):常规设备"对话框,在"安全开关"选项卡中,在"功能文本"框中输入"控制电路 ¶ 断路器",对此断路器进行描述。

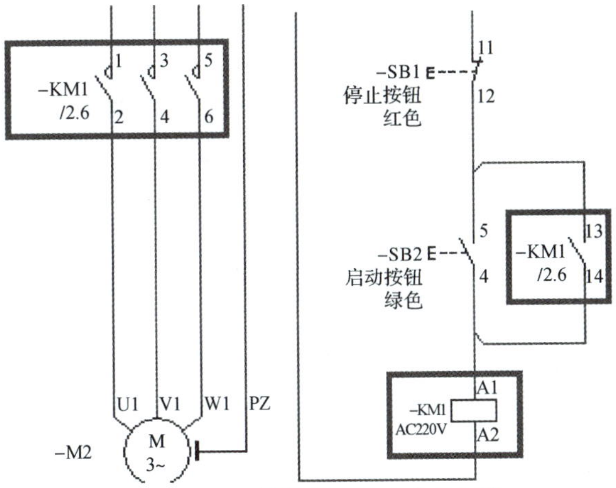

图 1-4-5　接触器功能文本编写前

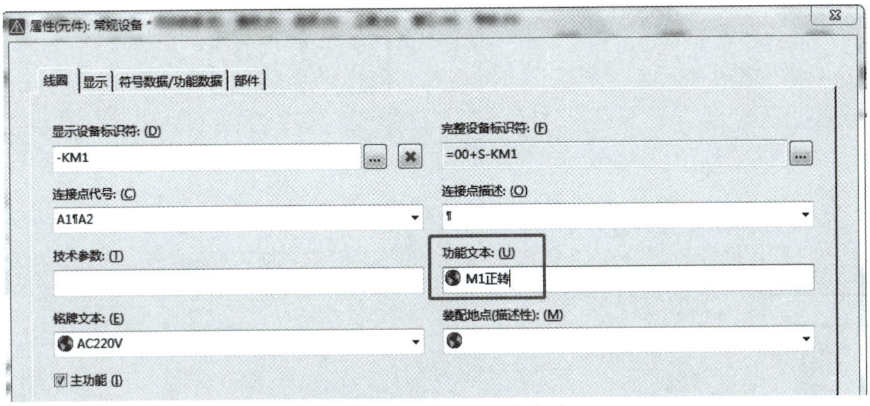

图 1-4-6　编写功能文本

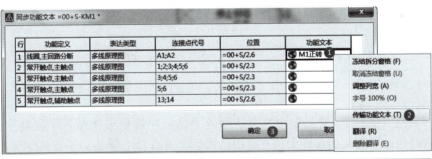

图 1-4-7　同步功能文本

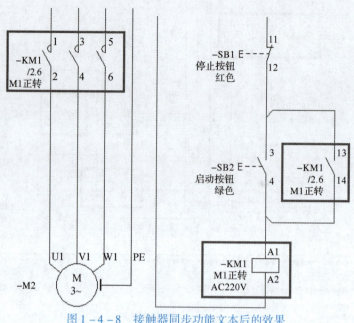

图1-4-8 接触器同步功能文本后的效果

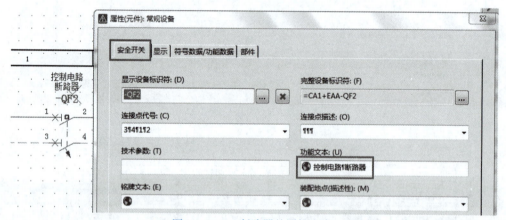

图1-4-9 断路器的属性文本

在"属性（元件）：常规设备"对话框的"显示"选项卡中显示了要显示的属性组。带有红色向下箭头的属性为独立成组的属性，可以自由移动，不受其他属性影响。没有红色向下箭头的属性会受到与之相邻的上一级带有红色向下箭头的属性的影响，不能随意移动。如图1-4-10所示，若要使"功能文本"属性独立成组固定，则选中该属性，单击【取消固定】按钮，属性前就会显示红色向下的箭头，该属性就可以自由移动了。

若需要移动属性文本到想要放置的位置，则选中元件符号，单击鼠标右键，在弹出的快捷菜单中，选择【文本】→【移动属性文本】命令，如图1-4-11所示，激活"移动属性文本"动作，单击功能文本"控制电路¶断路器"，按住鼠标左键移动到想要放置的位置。

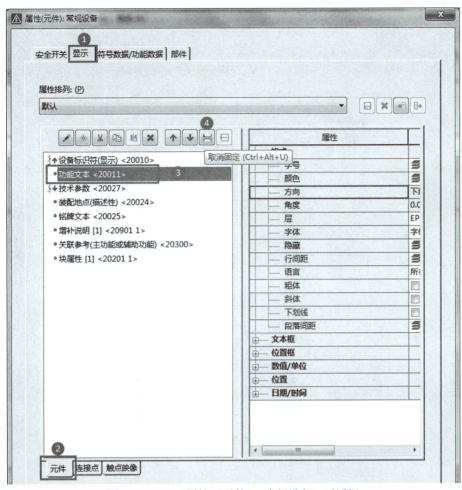

图 1 - 4 - 10 "属性（元件）：常规设备"对话框

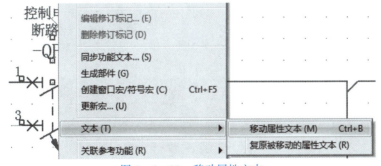

图 1 - 4 - 11 移动属性文本

（五）格式刷的使用

EPLAN 绘图中所添加的元件的格式，如线宽、颜色、线型、式样长度、层等，在绘制好特定的格式后可进行复制。以中断点为例，先选中符合要求的对象，单击快捷工具栏中的 ✄ 按钮，复制好格式，接着选中不符合要求的对象，单击快捷工具栏中的 ✔ 按钮，指定好格式，即可完成格式刷操作，如图 1 - 4 - 12 所示。

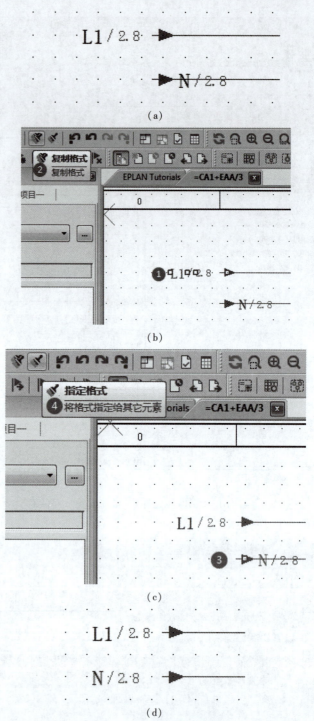

图 1 - 4 - 12 格式刷的使用

(a) 刷格式前的中断点 N；(b) 复制格式；(c) 指定格式；(d) 刷格式后的中断点 N

（六）进行电位跟踪

电位跟踪可以帮助设计者对电气原理图进行简单的仿真。通过电位跟踪能够看到电位从源设备至耗电设备的传递情况，便于设计者发现电路连接中存在的问题。单击工具栏中的"电位跟踪"按钮 ，此时光标变成交叉形状并附带一个电位跟踪符号，单击导线上的某个地方，与该点等电位的连接都呈"高亮"状态。在 CA6140 普通车床主电路图和控制电路图中，追踪 N 电位示意如图 1 - 4 - 13 所示。

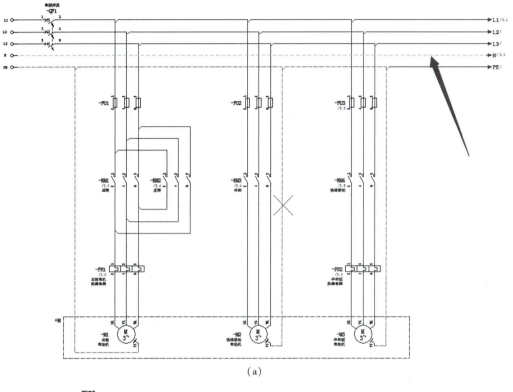

(a)

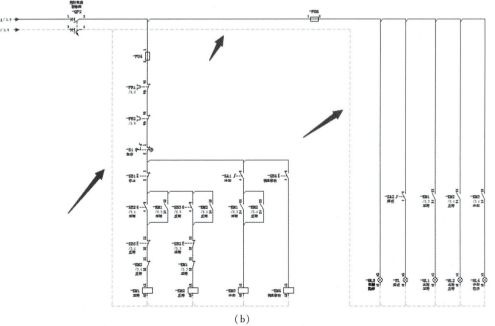

(b)

图 1 - 4 - 13　追踪 N 电位示意

(a) N 电位跟踪在主电路图中的显示效果；(b) N 电位跟踪在控制电路图中的显示效果

(七) 导出 PDF 文件

在"页"导航器中选择需要导出的图纸页，选择菜单栏中的【页】→【导出】→【PDF…】命令，弹出"PDF 导出"对话框，如图 1-4-14 所示，根据需要修改 PDF 文件名和输出目录到桌面，如果需要导出整个项目的图纸，可以勾选"应用到整个项目"复选框。

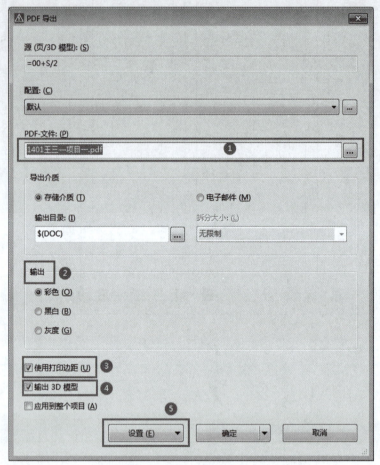

图 1-4-14 "PDF 导出"对话框

(1) PDF-文件：对导出的 PDF 文件进行命名，单击右侧的【…】按钮可以改变目标文件的存放路径。

(2) 输出：可生成彩色、黑白、带灰度的 PDF 文件。

(3) 使用打印边距：允许使用工作站设置打印边距。

(4) 输出 3D 模型：表示在项目中输出 3D 安装板模型。

(5) 设置：可对输出的 PDF 文件的输出语言、输出尺寸、页边距进行设置。

(八) 项目的备份与恢复

1. 项目的备份

为了避免保存不及时导致信息丢失，在进行 EPLAN 绘图时应进行实时保存，但保存的是最终结果，对经常使用的图框和表格及常用的宏，EPLAN 还提供了备份功能。

选择菜单栏中的【项目】→【备份】→【项目】命令，弹出"备份项目"对话框，如图 1 – 4 – 15 所示。在此对话框中，在"方法"下拉列表中选择"另存为"选项，指明存放路径为"桌面"。

备份的 3 种方法解释如下。

（1）另存为：项目被保存为文件名后缀为".zw1"的另外一种存储格式。

（2）锁定文件供外部编辑：项目被保存为文件名后缀为".zw1"的另外一种存储格式，原来的项目被写保护，".elk"项目变成".els"项目，保存在同一目录下。

（3）归档：项目被保存为文件名后缀为".zw1"的另外一种存储格式，原来的项目被删除，".elk"项目变成".ela"项目，保存在同一目录下。

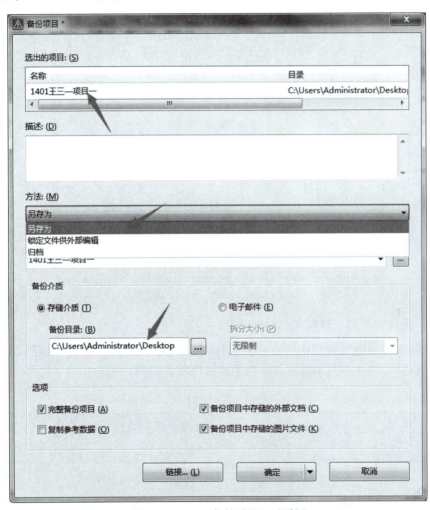

图 1 – 4 – 15 "备份项目"对话框

2. 项目的恢复

选择菜单栏中的【项目】→【恢复】→【项目】命令，弹出"恢复项目"对话框，如图 1 – 4 – 16 所示。在此对话框中，"备份目录"选择桌面，在"项目"列表中可看到上一步备份的项目，恢复的项目放在默认的"目标目录中"，"项目名称"可以自行修改，单击【确定】按钮后，项目就被恢复。

图 1 – 4 – 16 "恢复项目"对话框

（九）元件实物和元件符号的对应关系

要绘制规范的电气原理图，应熟知元件实物、元件名称、元件标识符、元件符号的基础知识，下面介绍与本学习任务相关的元件基本知识，见表 1 – 4 – 1。

表 1 – 4 – 1　元件实物、元件标识符、元件符号的对应关系

序号	元件名称	元件实物	EPLAN 默认元件标识符	常用元件标识符	元件符号
1	两级断路器		Q	QF	
2	接触器		K	KM	线圈　　主触点　　辅助触点

学习笔记

序号	元件名称	元件实物	EPLAN 默认元件标识符	常用元件标识符	元件符号
3	指示灯		H	HL	
4	自复位按钮		S	SB	
5	旋钮开关		S	SA	
6	急停开关		S	S	

（十）放置元件符号

选择菜单栏中的【插入】→【符号】命令；或在绘图区空白处单击右键选择【插入符号】命令；或按 Insert 快捷键，打开"符号选择"对话框，分别插入两级断路器符号（图 1 – 4 – 17）、指示灯符号（图 1 – 4 – 18）、旋钮开关符号（图 1 – 4 – 19）、急停开关符号（图 1 – 4 – 20）、热继电器常闭触点符号（图 1 – 4 – 21）。

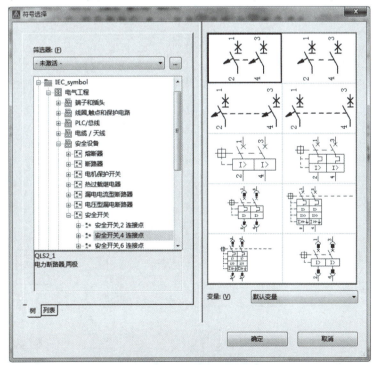

图 1 – 4 – 17　插入两级断路器符号

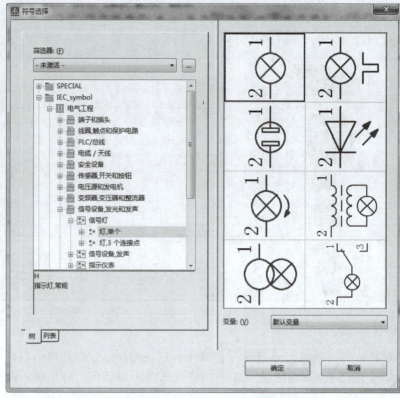

图 1 - 4 - 18 插入指示灯符号

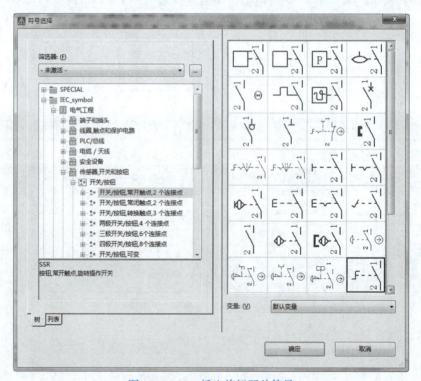

图 1 - 4 - 19 插入旋钮开关符号

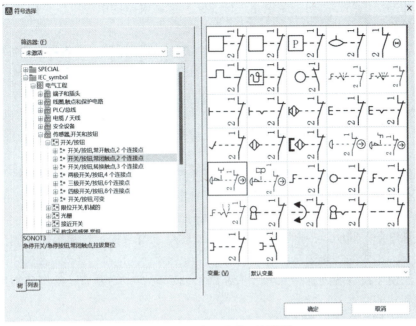

图 1 - 4 - 20 插入急停开关符号

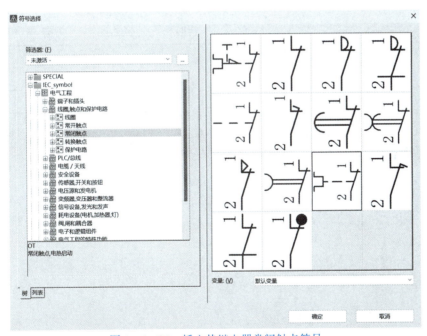

图 1 - 4 - 21 插入热继电器常闭触点符号

五、任务实施

（1）根据客户委托要求，用 EPLAN Electric P8 2.9 软件完成 CA6140 普通车床控制电路图的绘制。图纸要求如下。

①在项目一中新建多线原理图（交互式）页，页名为"= CA1 + EAA/3"，页描述为"CA6140 控制电路图"。

②采用两级断路器，对控制电路进行通断，控制电路的电源电压采用 220V，控制电路应具有短路和过载保护。

③主轴电动机选用 KM1 和 KM2 两个接触器来控制正反转，控制回路具备双重互锁功能，以确保正反转接触器不能同时吸合。停止按钮为 SB1，正转按钮为 SB2，反转按钮为 SB3。

④冷却泵电动机采用 KM3 接触器控制。为了满足生产要求，主轴电动机启动后，冷却泵电动机才能启动；当主轴电动机停止运行时，冷却泵电动机也自动停止运行。冷却泵电动机采用转换开关 SA1 进行启停控制。

⑤刀架快速移动电动机采用 KM4 接触器进行点动控制，启动按钮为 SB4。

⑥设有安全控制回路，按下急停按钮 S1 时控制电路失电，所有电动机停止。

⑦图纸中的元件符号连接点与实际元件端子代号保持一致。

⑧设计电源、照明、冷却、主轴正转和反转指示灯，指示灯和按钮的颜色必须符合 EN 60204 – 1 中的规定。

⑨为了便于设备的维护和保养、增强图纸的可读性，需要为元件符号添加必要的技术参数和功能文本。

（2）根据按钮的功能选择合适的颜色，将结果填入表 1 – 4 – 2（参考 GB/T 5226.1—2019）。

表 1 – 4 – 2　按钮的颜色

按钮功能	颜色	触点
启动按钮		
停止按钮		

A. 红色　　　　　　B. 绿色　　　　　　C. 常开触点　　　　　D. 常闭触点

（3）结合电路图（图 1 – 4 – 22）说明图中数字的含义。

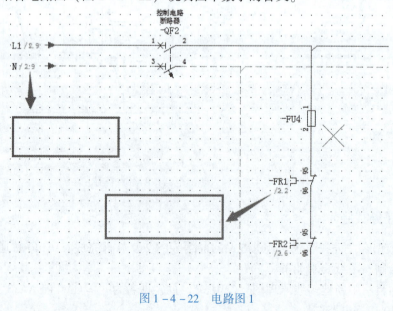

图 1 – 4 – 22　电路图 1

（4）结合电路图（图1-4-23）说明接触器线圈下面图形的含义。

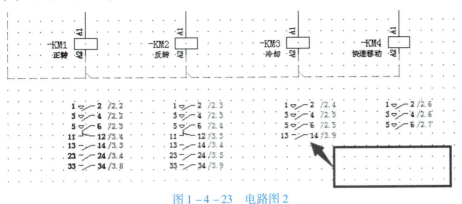

图1-4-23　电路图2

（5）在三相异步电动机正反转主电路图（图1-4-24）的方框中进行补充，添加连线或者元件符号。

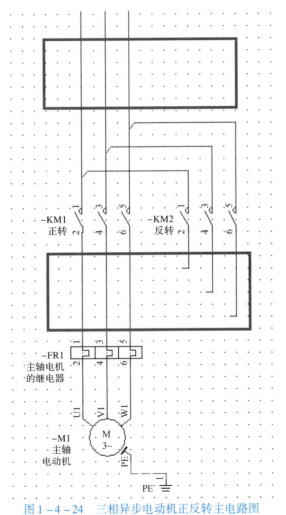

图1-4-24　三相异步电动机正反转主电路图

（6）完成图1-4-25所示图纸的绘制，绘制完成后对电位N进行追踪。

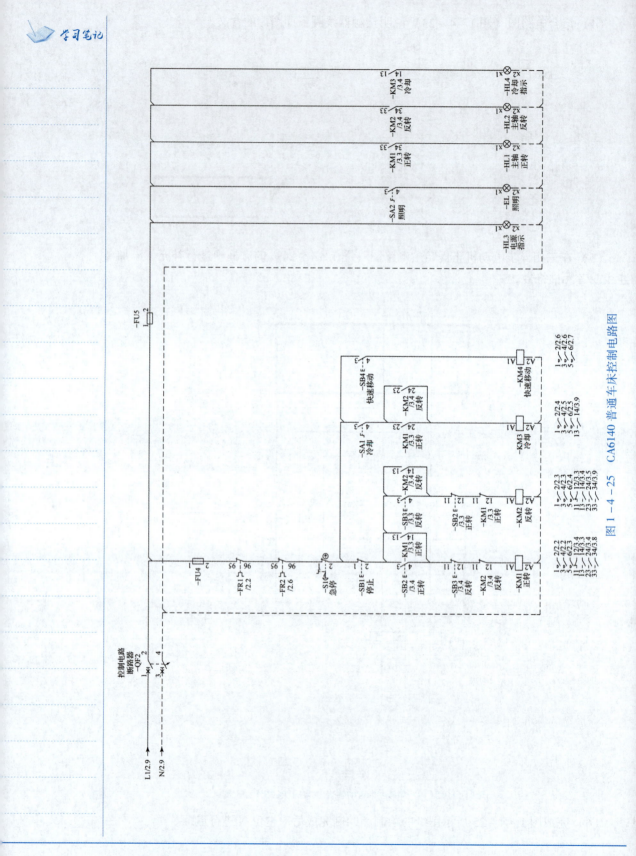

图 1－4－25 CA6140 普通车床控制电路图

六、检查与交付

（一）学习任务评价

按照表 1-4-3 进行自查，完成后交给教师评分，必要时做相关讲解或演示说明；进行目测检查，检查每个检查点是否有问题存在，记录检查结果，若无问题则交付验收。

表 1-4-3　学习任务 1.4 评价

评价类型	赋分	序号	检查点	分值	自评	组评	师评
职业能力	50	1	图纸页类型选择正确	5			
		2	图纸基本信息按要求填写	5			
		3	元件符号使用正确	5			
		4	元件符号对齐到栅格	5			
		5	正确使用连接符号表达接线工艺	5			
		6	指示灯选用正确	5			
		7	连接点代号与实际元件端子号保持一致	5			
		8	元件符号的功能文本正确合理	5			
		9	电气原理图整体美观大方，元件符号间距合理且一致	5			
		10	电气原理图能实现功能要求	5			
职业素养	30	1	按时出勤	5			
		2	按时完成	5			
		3	按标准规范操作	5			
		4	互相协助，解决难点	5			
		5	工位保持干净整洁	5			
		6	持续改进优化	5			
素养评价	20	1	搜索"素养小贴士"相关素材	10			
		2	谈一谈对"辩证思维中整体与部分"的看法	10			
评价系数				1	0.2	0.2	0.6
总分				100			

（二）成果分享和总结

将成果向同学展示，总结工作中的收获、遇到的问题和改进措施。

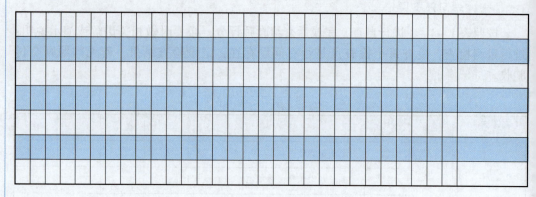

七、思考与提高

（1）尝试在"页"导航器中不同的页上面单击鼠标右键选择【新建页】命令，看看结果有什么不同。能否在页属性对话框中对页进行重命名？

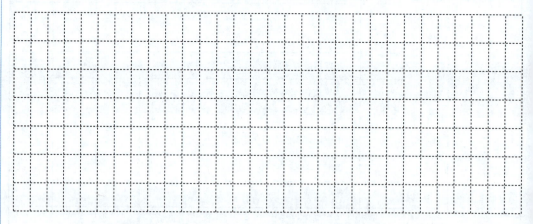

（2）中断点主要解决了电气原理图设计中的哪些问题？

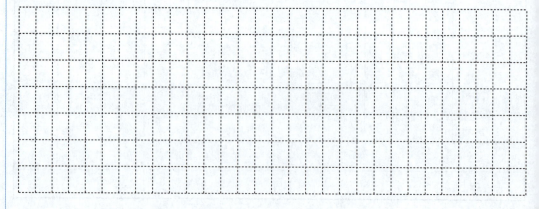

项目二　绘制清洗机电气安全控制系统原理图

 项目说明

　　随着企业安全生产标准的提高，在设备设计初期就应考虑生产中可能出现的安全问题，并采取必要的措施进行防范。某设备有限公司应客户要求，需要对一台精密轴承清洗机（图2-0-1）的安全系统进行设计，现在需要根据客户委托要求选用合适的安全控制器件和安全开关，绘制清洗机供电及电气安全回路，并向客户交付资料。

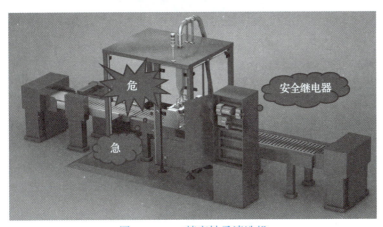

图2-0-1　精密轴承清洗机

　　客户委托要求如下。

　　（1）新建的项目要求有封面，封面显示内容包括"项目描述""项目编号""公司名称""项目负责人""客户：简称""安装地点""设备照片"等信息。

　　（2）设备的电源条件是：主进线电源为3/N/PE 400/230V 50 Hz，控制电压（交流）为230 V，控制电压（直流）为24 V，控制电压需要符合GB/T 16895.1—2008的TN-S系统（N+PE）。

　　（3）对于电源切断装置，TN系统中的电源切断装置必须为4极，中性导线的触点必须具有"提前闭合/延迟断开"特性。

　　（4）在控制柜中必须安装带接地触点的双极插座（1P+N+PE），这条电路到连接

的设备处必须一直有电。

（5）所有电动机电路必须使用电动机保护断路器（热磁触发式）保护。

（6）接地线的连续性：电气设备和机器的所有主体必须连接到地线系统。不管因任何原因移除一个部件，其余部件到地线系统的连接都不能中断；对于通过接线端子的接地，端子必须另外标有 PE（PE＋端子号）。

（7）在清洗机操作面板上设置急停按钮。当设备发生异常或出现操作失误时，操作人员按下急停按钮，机器必须停止动作，同时切断危险源的电源，按下复位启动按钮才能重新启动。

（8）为了便于设备的维护与保养、增强图纸的可读性，需要为元件符号添加必要的技术参数和功能文本。

（9）图纸中元件符号连接点代号要与实际元件端子号保持一致。

（10）设计相应的指示灯，且颜色符合标准。工作指示灯和按钮的颜色必须符合 EN 60204 - 1 中的规定。

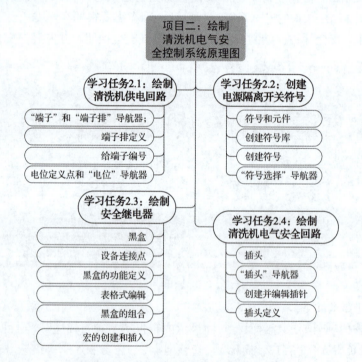

姓名＿＿＿＿＿＿＿　　班级＿＿＿＿＿＿＿　　学号＿＿＿＿＿＿＿　　组号＿＿＿＿＿＿＿

学习任务2.1　绘制清洗机供电回路

一、任务目标

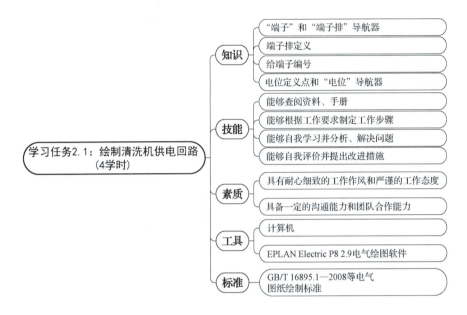

学习任务2.1：绘制清洗机供电回路（4学时）

知识
- "端子"和"端子排"导航器
- 端子排定义
- 给端子编号
- 电位定义点和"电位"导航器

技能
- 能够查阅资料、手册
- 能够根据工作要求制定工作步骤
- 能够自我学习并分析、解决问题
- 能够自我评价并提出改进措施

素质
- 具有耐心细致的工作作风和严谨的工作态度
- 具备一定的沟通能力和团队合作能力

工具
- 计算机
- EPLAN Electric P8 2.9电气绘图软件

标准
- GB/T 16895.1—2008等电气图纸绘制标准

二、素养小贴士

培养安全用电意识，牢记接地线就是生命线

供电回路作为电气设备运行的重要组成部分，其设计必须遵循相应标准规范，以防电气事故的发生。其中，电气设备接地保护是保证电气设备安全的一个重要环节，在日常生产运行中，要对电源线的绝缘保护、配电箱的外壳接地保护进行严格检查，养成科学严谨的职业素养。

素质拓展：

三、任务描述

（1）新建的项目要求有封面，封面显示内容包括"项目描述""项目编号""公司名称""项目负责人""客户：简称""安装地点""设备照片"等信息。

（2）设备的电源条件是：主进线电源为 3/N/PE 400/230 V 50 Hz，控制电压（交流）为 230 V，控制电压（直流）为 24 V，控制电压需要符合 GB/T 16895.1—2008 的 TN – S 系统（N + PE）。

（3）在控制柜中安装带接地触点的双极插座 X11（1P + N + PE），采用漏电保护断路器进行保护，且这条电路到连接的设备处必须一直有电。

（4）接地线的连续性：电气设备和机器的所有主体必须连接到地线系统。不管因任何原因移除一个部件，其余部件到地线系统的连接都不能中断；电气设备的元件卡规、控制柜柜门和机械组件采用 6 mm^2 的黄绿导线连接到地线系统。对于通过接线端子的接地，端子必须标有 PE（PE + 端子号）。

四、知识准备

（一）建立项目封面

根据客户需求，新建的项目要求有封面，封面显示内容包括"项目描述""项目编号""公司名称""项目负责人""客户：简称""安装地点""设备照片"等信息。

（1）第一步：修改项目属性，如图 2 – 1 – 1 所示。修改/选择条目如下。

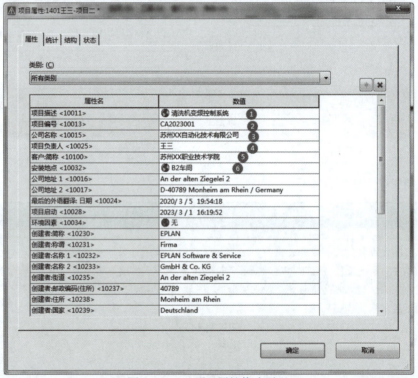

图 2 – 1 – 1　项目属性修改页面

①修改"项目描述"："清洗机变频控制系统"；

②修改"项目编号"："CA2023001"；

③修改"公司名称"："苏州××自动化技术有限公司"；

④修改"项目负责人"："王三"；

⑤修改"客户：简称"："苏州××职业技术学院"；

⑥修改"安装地点"："B2 车间"。

项目属性修改完毕，单击【确定】按钮后，项目封面效果如图 2 - 1 - 2 所示。

图 2 - 1 - 2　项目封面效果

（2）第二步：打开项目"首页"的"页属性"对话框，修改"表格名称"，将
"F26_001"改为"F26_004"，如图 2 - 1 - 3 所示，然后单击【确定】按钮。

图 2 - 1 - 3　项目"首页"的"页属性"对话框

（3）第三步：在项目封面中添加设备照片。打开"首页"图页，选择菜单栏中的【插入】→【图形】→【图片文件】命令，如图 2 – 1 – 4 所示；或在图纸页中单击鼠标右键，在弹出的菜单中选择【插入图片文件】命令，在弹出的对话框（图 2 – 1 –5）中，从路径中选择需要添加的图片，将设备照片添加到封面空白处即可，封面修改后的效果如图 2 – 1 –6 所示。

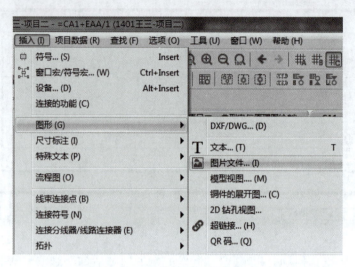

图 2 – 1 – 4　插入图片文件方式

图 2 – 1 – 5　"选取图片文件"对话框

图 2 - 1 - 6　封面修改后的效果

（二）元件实物和元件符号的对应关系

要绘制规范的电气图纸，应熟知元件实物、元件名称、元件标识符、元件符号的基础知识，下面介绍与本学习任务相关的元件基本知识，见表 2 - 1 - 1。

表 2 - 1 - 1　元件实物、元件标识符、元件符号的对应关系

序号	元件名称	元件实物	EPLAN 默认元件标识符	常用元件标识符	元件符号
1	总开关		Q	QF	
2	漏电保护断路器		Q	QF	
3	开关电源		G	G	

序号	元件名称	元件实物	EPLAN 默认元件标识符	常用元件标识符	元件符号
4	插座		X	X	
5	接线端子		X	X	
6	四芯插座		X	X	

(三) 放置元件符号

选择菜单栏中的【插入】→【符号】命令；或在绘图区空白处单击鼠标右键，选择【插入符号】命令；或按 Insert 快捷键，打开"符号选择"对话框，插入旋转开关 – 三级符号（图 2 – 1 – 7），修改旋转开关 – 三级符号属性（图 2 – 1 – 8）；插入漏电保护断路器符号（图 2 – 1 – 9），修改漏电保护断路器符号属性（图 2 – 1 – 10）；插入三相桥式整流器符号（图 2 – 1 – 11），修改三相桥式整流器符号属性（图 2 – 1 – 12）；插入插针 X13 符号（图 2 – 1 – 13）修改插针 X13：PE 的功能定义（图 2 – 1 – 14）；插入隔离端子符号（图 2 – 1 – 15），修改隔离端子符号属性（图 2 – 1 – 16）。

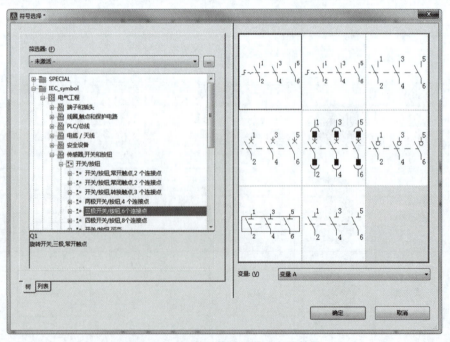

图 2 – 1 – 7　插入旋转开关 – 三级符号

图 2 - 1 - 8　修改旋转开关 - 三级符号属性

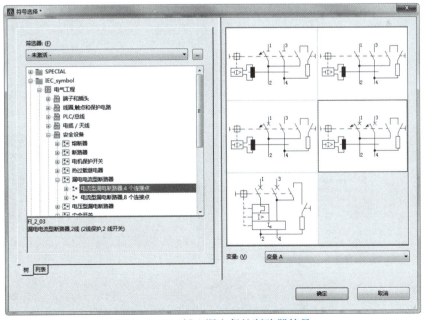

图 2 - 1 - 9　插入漏电保护断路器符号

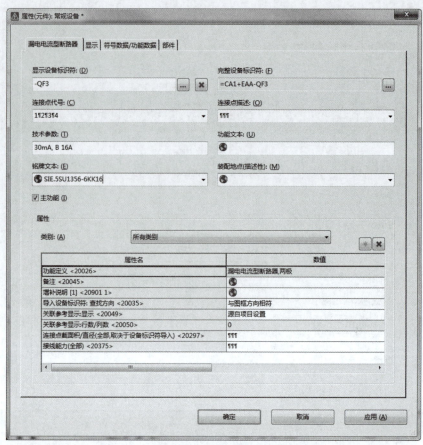

图 2 - 1 - 10　修改漏电保护断路器符号属性

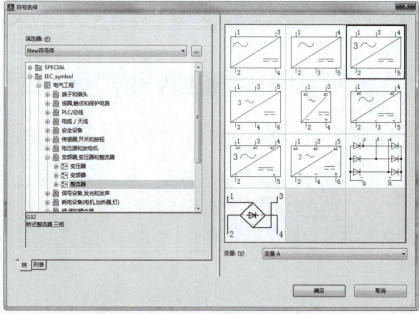

图 2 - 1 - 11　插入三相桥式整流器符号

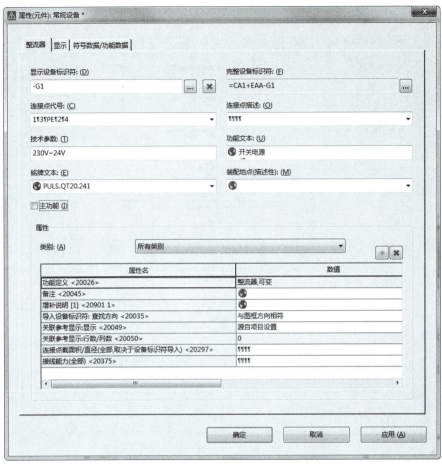

图 2 - 1 - 12　修改三相桥式整流器符号属性

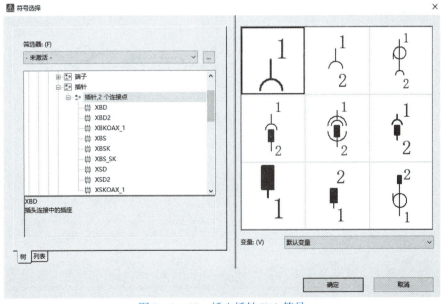

图 2 - 1 - 13　插入插针 X13 符号

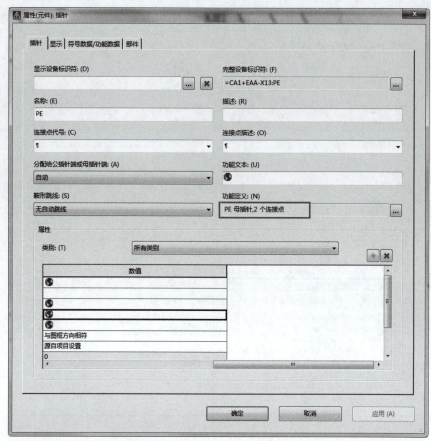

图 2 - 1 - 14   修改插针 X13：PE 的功能定义

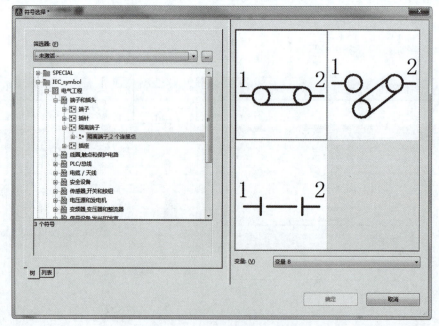

图 2 - 1 - 15   插入隔离端子符号

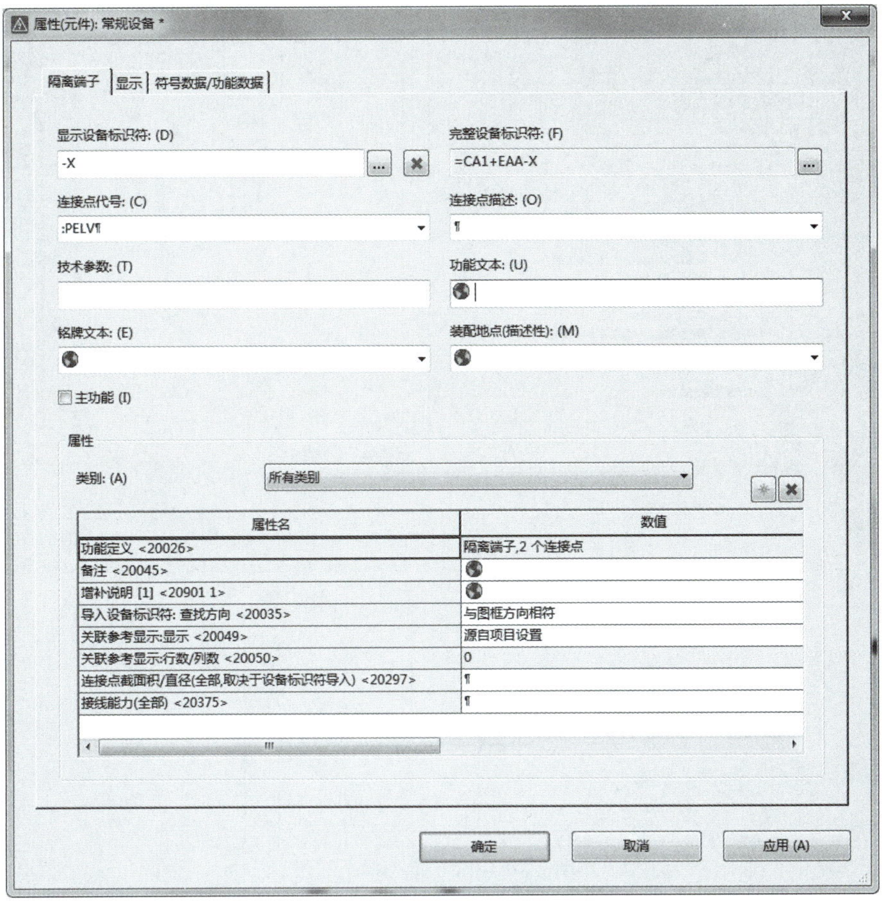

图 2 - 1 - 16 修改隔离端子符号属性

(四) 端子的创建

端子通常是指连接控制柜内部元件和外部设备的通用端子，如菲尼克斯的 ST2.5、魏德米勒的 ZDU2.5。端子有内、外侧之分，内侧端子一般用于控制柜内，外侧端子一般作为对外接口，在端子的 1 和 2 中，1 通常指内部，2 通常指外部（内、外部相对于柜体来说）。在电气原理图中，添加部件的端子是真实的设备。

1. 插入端子

选择菜单栏中的【插入】→【符号】命令，弹出图 2 - 1 - 17 所示的"符号选择"对话框，打开"列表"选项卡，在该选项卡中选择需要的端子符号，单击【确定】按钮，如图 2 - 1 - 18 所示，在需要放置端子的位置单击，向右拖动鼠标，可连续插入多个端子。单击最左侧的端子，弹出端子属性对话框，如图 2 - 1 - 19 所示，可对端子的"显示设备标识符""名称""连接点代号"等属性进行设置。

2. 端子功能定义的修改

X1 的 5 号端子（PE 端子）连接的是 PE 信号，因此需要修改此端子的功能定义，如图 2 - 1 - 20 所示，将端子属性的端子功能定义为"PE 端子，带鞍形跳线，2 个连接点"。

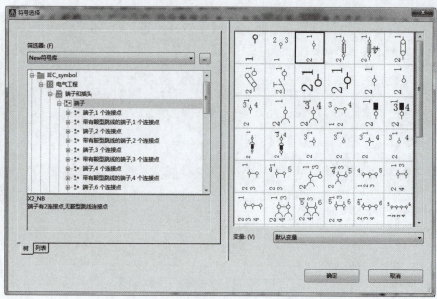

图 2 - 1 - 17 "符号选择" 对话框

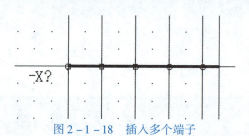

图 2 - 1 - 18 插入多个端子

图 2 - 1 - 19 端子属性对话框

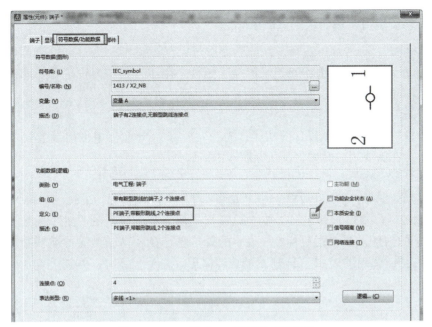

图 2 - 1 - 20　修改 PE 端子的功能定义

3. 鞍形跳线

为了在连接点上分配一个确定的电位，经常在直接相邻的端子上使用短接片或者螺旋金属将相邻的端子连接在一起，这种跳线叫作鞍形跳线，如图 2 - 1 - 21 所示。可以通过【项目数据】→【端子排】→【编辑】命令查看端子之间的鞍形跳线效果，如图 2 - 1 - 22 所示。

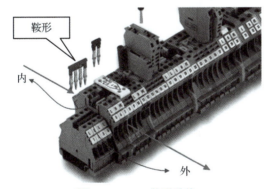

图 2 - 1 - 21　鞍形跳线

图 2 - 1 - 22　鞍形跳线效果

（五）端子排与"端子排"导航器

1. 端子排

端子排承载多个或多组相互绝缘的端子组件，用于连接柜内设备和外部设备的电路，起到信号传输的作用。端子排使接线美观，维护方便。

2. "端子排"导航器

"端子排"导航器有预设计的功能，先在"端子"导航器中创建端子（成为未放置的端子），在需要用的时候将其从导航器中拖放到图纸上。

3. 新建端子排

选择菜单栏中的【项目数据】→【端子排】→【导航器】命令，打开"端子排"导航器（图2-1-23），其包括"树"标签与"列表"标签。在"树"标签中包含项目所有端子的信息，在"列"标签中显示配置信息。在"端子排"导航器中的空白处单击鼠标右键，弹出图2-1-24所示的快捷菜单。

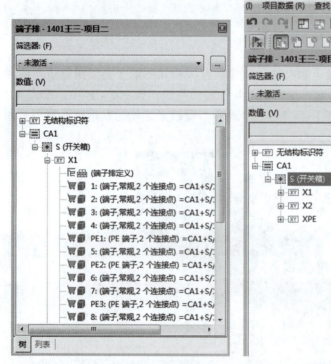

图2-1-23 "端子排"导航器

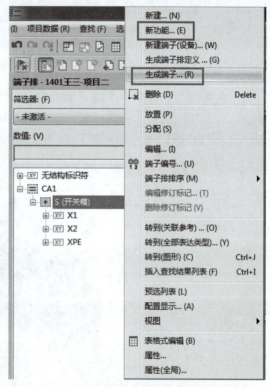

图2-1-24 快捷菜单

（1）如果在快捷菜单中选择【生成端子】命令，则弹出图2-1-25所示的"属性（元件）：端子"对话框，显示4个选项卡，在"名称"框中输入端子名称。单击【确定】按钮，关闭该对话框，在"端子排"导航器中显示新建的端子，如图2-1-26所示。

图 2 - 1 - 25 "属性（元件）：端子" 对话框

图 2 - 1 - 26 新建的端子

（2）如果在快捷菜单中选择【新功能】命令，则弹出图 2 – 1 – 27 所示的"生成功能"对话框，在"完整设备标识符"框中输入端子排名称，在"编号样式"框中输入端子序号，输入"1 – 14"，表示创建单层 14 个端子，单击"功能定义"右侧的 ... 按钮，弹出图 2 – 1 – 28 所示的"功能定义"对话框，选择所需端子的类型，新建的端子排效果如图 2 – 1 – 29 所示。

端子及其编号

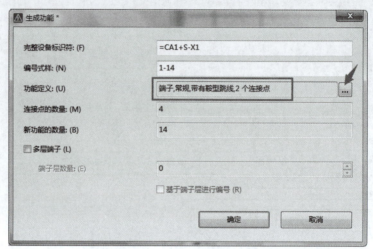

图 2 – 1 – 27　"生成功能"对话框

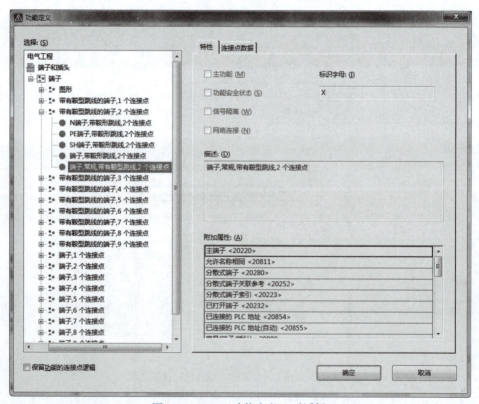

图 2 – 1 – 28　"功能定义"对话框

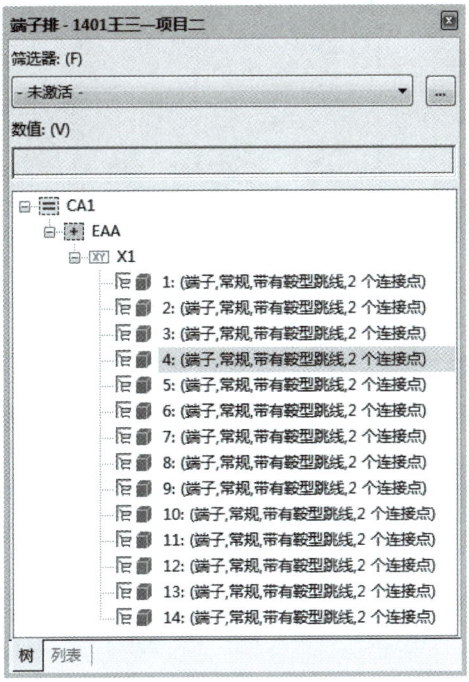

图 2 - 1 - 29　新建的端子排效果

4. 生成端子排定义

在"端子排"导航器汇总预定义端子排之后，还需要生成"端子排定义"。方法有两种：一种是在"端子排"导航器中，用鼠标右键单击 X1 端子排，在弹出的图 2 - 1 - 30 所示的快捷菜单中，选择【生成端子排定义】命令，然后弹出"属性（元件）：端子排定义"对话框，可以补充端子排的功能文本等属性，如图 2 - 1 - 31 所示。

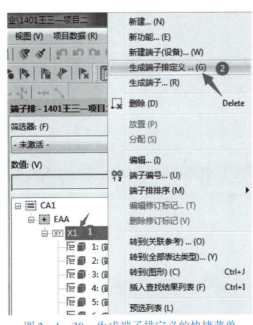

图 2 - 1 - 30　生成端子排定义的快捷菜单

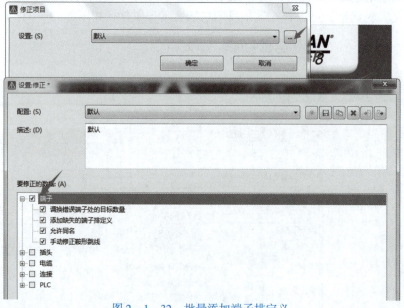

图 2 - 1 - 31   "属性（元件）：端子排定义" 对话框

另一种方法是选择菜单栏中的【项目】→【组织】→【修正】命令，弹出 "修正项目" 对话框，单击 ⬚ 按钮，则弹出 "设置：修正" 对话框，在要修正的数据中勾选 "端子" 复选框，可以批量添加项目中所有端子排的 "端子排定义"，如图 2 - 1 - 32 所示。

图 2 - 1 - 32   批量添加端子排定义

5. 端子排的编辑

在 "端子排" 导航器中新建的端子排上单击鼠标右键，选择【编辑】命令，弹出

"编辑端子排"对话框，该对话框提供各种编辑端子排的功能，如端子排的排序、编号、重命名、移动及端子排附件的添加等，如图 2 - 1 - 33 所示。

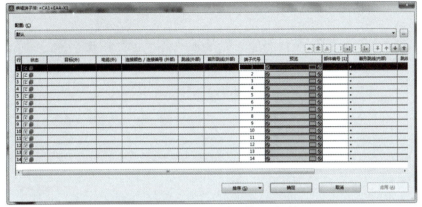

图 2 - 1 - 33 "编辑端子排"对话框

（六）给端子编号

（1）第一步：修改 PE 端子的功能定义。在"端子排"导航器中按住 Ctrl 键，用鼠标左键选中新建的 X1 端子排中的 5、7 和 10 号端子，单击鼠标右键，选择【属性】命令，弹出"属性（元件）：端子"对话框，将"功能定义"修改为"PE 端子，带鞍形跳线，2 个连接点"，单击【确定】按钮，如图 2 - 1 - 34 所示。

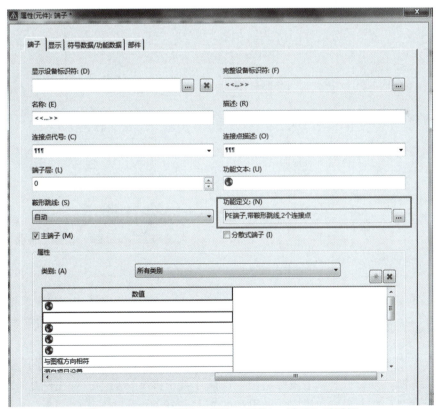

图 2 - 1 - 34 PE 端子"属性（元件）：端子"对话框

（2）第二步：修改 PE 端子的编号。在"端子排"导航器中选中 X1 端子排中的 5、7 和 10 号端子，单击鼠标右键，在弹出的快捷菜单中选择【端子编号】命令，弹出"给端子编号"对话框（图 2 - 1 - 35），在该对话框中进行编号设置。

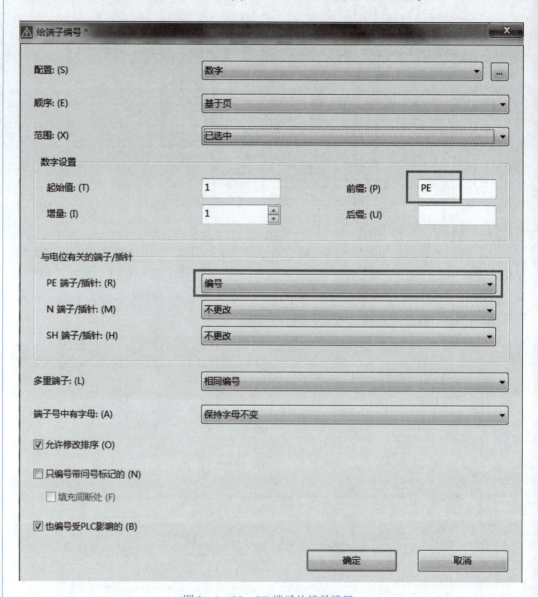

图 2 - 1 - 35 PE 端子的编号设置

（3）第三步：修改常规端子编号。在"端子排"导航器中选中 X1 端子排，单击鼠标右键，在弹出的快捷菜单中选择【端子编号】命令，弹出"给端子编号"对话框（图 2 - 1 - 36），在该对话框中进行编号设置。

（4）第四步：端子排排序。端子排上的端子默认按"字母数字"排序，也可选择其他排序类别，在端子上单击鼠标右键，选择【端子排序】命令，弹出图 2 - 1 - 37 所示的排序类别。端子编号和排序的效果如图 2 - 1 - 38 所示。

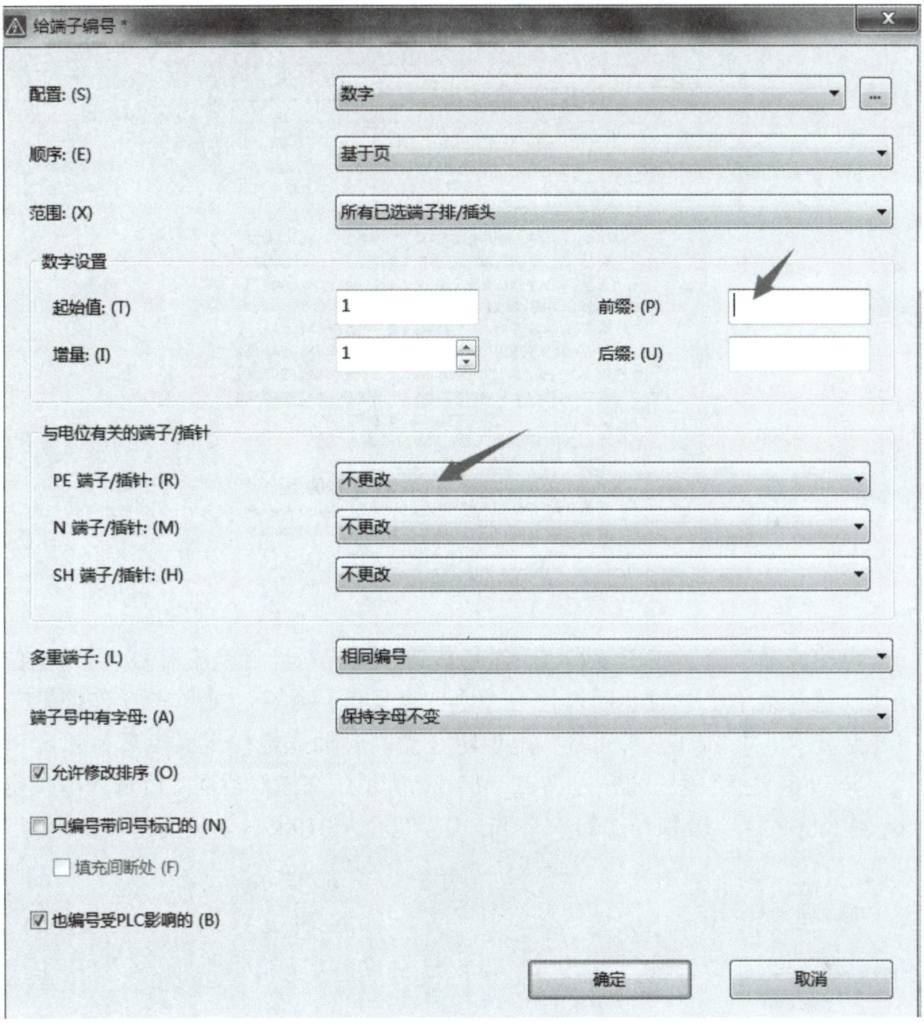

图 2 – 1 – 36　常规端子的编号设置

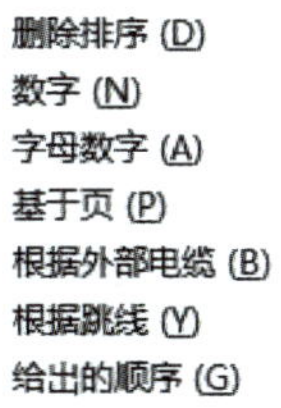

删除排序 (D)
数字 (N)
字母数字 (A)
基于页 (P)
根据外部电缆 (B)
根据跳线 (Y)
给出的顺序 (G)

图 2 – 1 – 37　排序类别

插入电位
定义点

（七）插入电位定义点

1. 电位定义点的作用

电位定义点与电位连接点的功能完全相同，它也不代表真实的设备，但是与电位连接点不同的是，它的外形看起来像连接定义点，不是放在电源起始位置。电位定义点一般位于变压器、整流器与开关电源输出侧，因为这些设备改变了回路的电位值。

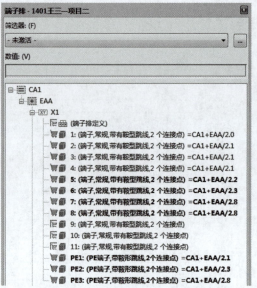

图 2 - 1 - 38 端子编号和排序的效果

2. 插入电位定义点

由于电位经过整流器或变压器时不进行传递，需要对经过整流器 G1 后的电位进行重新定义。选择菜单栏中的【插入】→【电位定义点】命令，或单击【连接】工具栏中的【电位定义点】按钮，即可插入电位定义点。在插入电位定义点后，弹出"属性（元件）：电位定义点"对话框，如图 2 - 1 - 39 所示，在该对话框中可输入电位定义点的名称，"电位名称"分别为"24 V"和"0 V"，"＜31006＞电位类型"分别为"＋"和"－"。

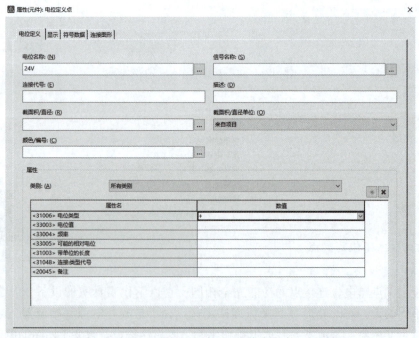

图 2 - 1 - 39 "属性（元件）：电位定义点"对话框

3."电位"导航器

通过"电位"导航器可以快速查看系统中的电位连接点和电位定义点，方便修改定义的电位的属性和功能等。例如给每个电位定义颜色，可以很容易地在电气原理图中看出每条线的电位类型，在放置连接代号时可以确认所使用导线的颜色。

选择菜单栏中的【项目数据】→【连接】→【电位导航器】命令，打开图2-1-40所示的"电位"导航器，在树形结构中显示所有项目下的电位。

图2-1-40 "电位"导航器

(八) 低电压保护 SELV 和 PELV

(1) SELV（安全低电压），作为基本保护，最大电压通常为 AC 25 V 或 DC 60 V；作为故障保护，最大电压通常为 AC 50 V 或 DC 120 V。有源部件不能与保护导线连接，也不能接地，要与其他电路分开敷设。

(2) PELV（保护低电压），操作工具可以接地，要求基本保护，例如绝缘，绝缘电阻≥0.5 MΩ，其他条件与 SELV 相同。

(3) FELV（功能低电压），任意电压，本身无保护措施，因此所采用的措施与普通电路相同。

五、任务实施

(1) 根据客户委托要求，结合清洗机供电回路草图（图2-1-41），使用 EPLAN Electric P8 2.9 软件绘制符合标准的清洗机供电回路（图纸封面和电气原理图相同）。

客户委托要求如下。

①新建项目，项目命名规则为"学号后四位姓名—项目二"，如"1401 王三—项目二"；项目模板选择"IEC_bas001.zw9"；项目图纸要求有封面，封面显示内容包括——"项目描述"：清洗机电气安全控制系统，"项目编号"：CA2023002，"公司名称"：苏州××自动化技术有限公司，"项目负责人"：王三，"客户：简称"：苏州××职业技术学院，"安装地点"：B2 车间。

②在项目二中新建多线原理图（交互式）页，页名为"＝CAA＋EAA/2"，页描述为"清洗机的供电回路"。

③设备的电源条件是：供电电源插头功能文本为"3/N/PE 400/230V 50Hz ¶ Vorsicherung max 16A ¶辅助保险最多16A ¶ Einspeisung ¶供电电源"且居中放置；控制电压（交流）为 230 V，控制电压（直流）为 24 V。

④为了便于设备的维护和保养、增强图纸的可读性，需要为元件符号添加必要的技术参数和功能文本。

⑤图纸中的元件符号连接点与实际元件端子代号保持一致。

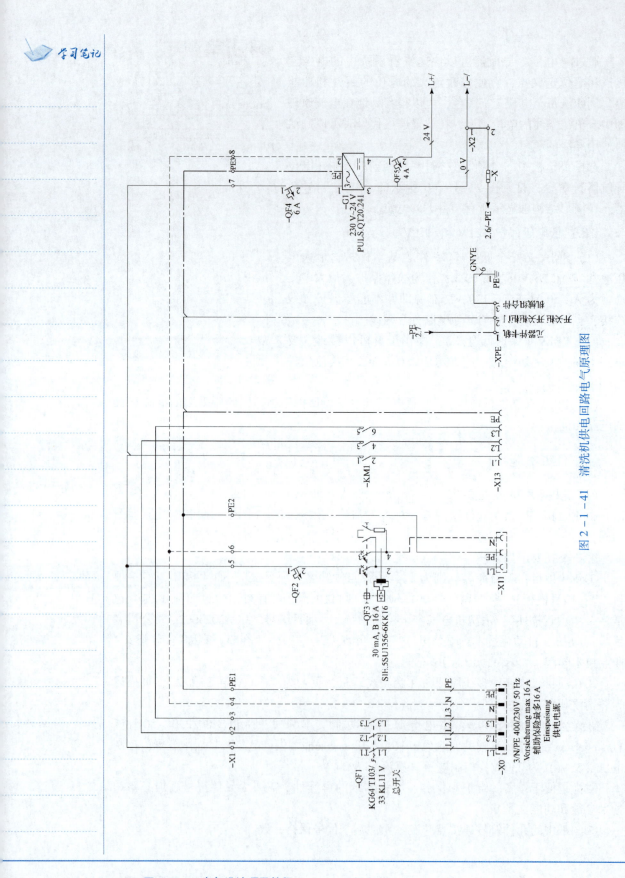

图 2−1−41　清洗机供电回路电气原理图

（2）一台可编程序控制器的电源结构如图 2-1-42 所示，请判断：上面这个电源电路能够实现的是 SELV（安全低电），还是 PELV（保护低电压），抑或 FELV（功能低电压）？

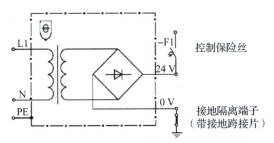

图 2-1-42 可编程序控制器的电源结构

六、检查与交付

（一）学习任务评价

按照表 2-1-2 进行自查，完成后交给教师评分，必要时做相关讲解或演示说明；进行目测检查，检查每个检查点是否有问题存在，记录检查结果，若无问题则交付验收。

表 2-1-2 学习任务 2.1 评价

评价类型	赋分	序号	检查点	分值	自评	组评	师评
职业能力	50	1	图纸页类型选择正确	5			
		2	图纸基本信息按要求填写	5			
		3	元件符号使用正确	5			
		4	文档命名正确	5			
		5	正确使用连接符号表达接线工艺	5			
		6	端子排号和排序正确	5			
		7	连接点代号与实际元件端子号保持一致	5			
		8	元件符号的属性文本正确合理	5			
		9	端子排定义和电位定义正确	5			
		10	电气原理图整体美观大方，元件符号间距合理且一致	5			
职业素养	30	1	按时出勤	5			
		2	按时完成	5			
		3	按标准规范操作	5			
		4	互相协助，解决难点	5			
		5	工位保持干净整洁	5			
		6	持续改进优化	5			

评价类型	赋分	序号	检查点	分值	自评	组评	师评
素养评价	20	1	搜索"素养小贴士"相关素材	10			
		2	谈一谈对"安全用电"的看法	10			
评价系数				1	0.2	0.2	0.6
总分				100			

（二）成果分享和总结

将成果向同学展示，总结工作中的收获、遇到的问题和改进措施。

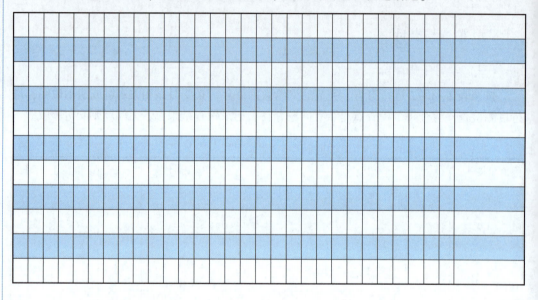

七、思考与提高

（1）查阅国家标准 GB4943—2001《信息技术设备的安全》，分析什么是一次电路和二次电路，并解释 SELV 与 PELV 的区别。

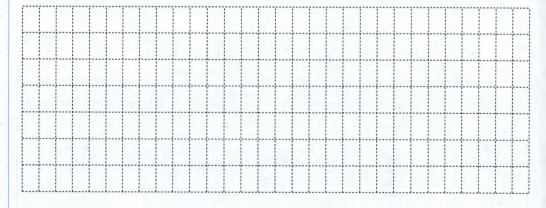

（2）将 PE 端子命名为 PE，重新为端子排编号，排序后不能把编号为 PE 的端子改为数字，在给端子编号时应该如何设置？

姓名_____　　班级_____　　学号_____　　组号_____

学习任务2.2　创建电源隔离开关符号

一、任务目标

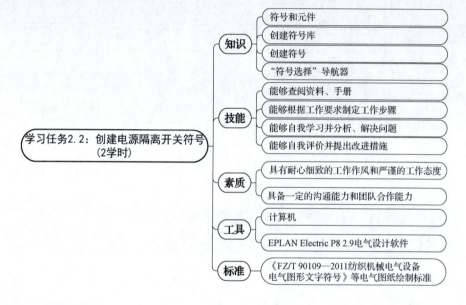

学习任务2.2：创建电源隔离开关符号（2学时）

- 知识
  - 符号和元件
  - 创建符号库
  - 创建符号
  - "符号选择"导航器
- 技能
  - 能够查阅资料、手册
  - 能够根据工作要求制定工作步骤
  - 能够自我学习并分析、解决问题
  - 能够自我评价并提出改进措施
- 素质
  - 具有耐心细致的工作作风和严谨的工作态度
  - 具备一定的沟通能力和团队合作能力
- 工具
  - 计算机
  - EPLAN Electric P8 2.9电气设计软件
- 标准
  - 《FZ/T 90109—2011纺织机械电气设备电气图形文字符号》等电气图纸绘制标准

二、素养小贴士

具体问题具体分析

　　EPLAN为用户提供了标准的GB、IEC、GOST等符号库，但随着电子技术的发展，EPALN所提供的标准符号库已经无法满足企业设计需求，在实际电路设计中，需要根据具体的项目需求，由设计者自行制作某些特定符号，做到具体问题具体分析。

　　素质拓展：

三、任务描述

　　根据客户委托要求，用 EPLAN Electric P8 2.9 软件绘制清洗机电气安全回路，并向客户交付资料。图纸要求如下。

（1）新建多线原理图（交互式）页，绘制清洗机电气安全回路。

（2）设备的电源条件是：主进线电源为 3/N/PE 400/230 V 50 Hz，控制电压（交流）为 230 V，控制电压（直流）为 24 V，控制电压需要符合 GB/T 16895.1—2008 的 TN－S 系统（N＋PE）。

（3）对于电源切断装置，TN 系统中的电源切断装置必须为 4 极，中性导线的触点必须具有"提前闭合/延迟断开"特性。

（4）在控制柜中必须安装带接地触点的双极插座（1P＋N＋PE），连接在主电源开关的上游。该电路到连接设备处必须始终带电。

（5）所有电动机电路都必须使用电动机保护断路器（热磁触发式）保护。

（6）接地线的持续性：电气设备和机器的所有主体必须连接到地线系统。不管因何原因移除一个部件，其余部件到地线系统的连接都不能中断；对于通过接线端子的接地，端子必须另外标有 PE（PE＋端子号）。

（7）清洗机操作面板上设置急停按钮。当设备发生异常或出现操作失误时，操作人员按下急停按钮，机器必须停止动作，同时切断危险源的电源，在检查无误后，按下复位启动按钮，机器才可重新启动工作。

（8）为了便于设备的维护和保养、增强图纸的可读性，需要为元件符号添加必要的技术参数和功能文本。

（9）图纸中的元件符号连接点与实际元件端子代号保持一致。

（10）设计相应的工作状态指示灯，且颜色符合标准。工作指示和按钮的颜色必须符合 EN 60204－1 中的规定。

四、知识准备

（一）符号和元件的区别

符号仅是电气设备的一种图形表达，不包含任何逻辑信息，是电气工程师之间交流的语言。符号存放在符号库中，不同标准的符号库对符号的形状和代表元件的类型都有详细的描述，EPLAN 为用户提供了标准的 GB、IEC、GOST、NFPA 等符号库。

元件是被赋予功能（逻辑）的符号，如图 2－2－1 所示，通过属性（元件）中"符号数据/功能数据"选项卡中的功能数据（逻辑）定义功能。电气工程中的功能（逻辑）包括断路器、继电器、接触器、电动机、PLC 等，被定义在 EPLAN 的功能定义库中。例如，图 2－2－1 中功能定义了开关、常开触点，那么 EPLAN Electric P8 2.9 软件不仅通过符号图形识别它是开关，而且通过软件逻辑认为它确实是电气工程中的开关。

如果在制图过程中需要交换符号，则功能可以保持不变，仅图形的样式发生变化；如果交换元件，那么功能会被替换。通过属性（元件）中"符号数据/功能数据"选项卡中的"编号/名称"进入"符号选择"对话框，可进行符号或元件的交换，如图 2－2－2 所示。

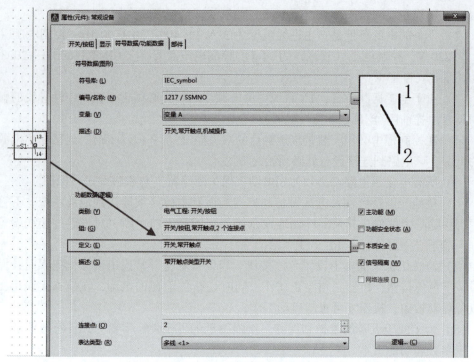

图 2 − 2 − 1　符号的功能定义

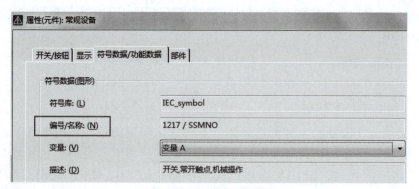

图 2 − 2 − 2　符号的选择

在建立项目时，符号库就被存储在项目中。如果要修改符号库，必须回到主数据符号库中修改。项目中旧的符号库可以被主数据中新的符号库替代。符号的更新可以通过【工具】→【主数据】→【同步当前项目】命令实现。

(二) 创建符号库

随着电子元件技术不断更新，EPLAN 自带的标准符号库已经无法满足企业的设计需求，很多电气设计公司都有其专属符号库。下面介绍符号库的创建步骤。

1. 新建符号库

选择菜单栏中的【工具】→【主数据】→【符号库】→【新建】命令（图 2 − 2 − 3），弹出 "创建符号库" 对话框，新建一个名为 "My symbol" 的符号库，如图 2 − 2 − 4 所示，单击【保存】按钮。

图 2 - 2 - 3　新建符号库

图 2 - 2 - 4　"创建符号库" 对话框

弹出"符号库属性"对话框（图2-2-5），在"类别"下拉列表中选择"所有类别"选项，栅格大小默认为"1.00 mm"，单击【确定】按钮，关闭对话框。

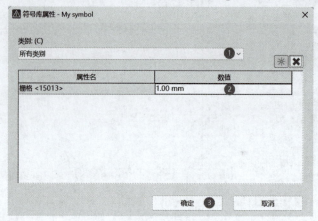

图2-2-5 "符号库属性"对话框

2. 加载符号库

为了在后续项目绘制时可以使用新建的符号库，需要将新建的符号库加载到符号库路径下，加载符号库的方法一般有两种。

方法一：选择菜单栏中的【选项】→【设置】命令，弹出"设置"对话框，在【项目】→【项目名称】①→【管理】→【符号库】选项下（图2-2-6），在"符号库"列下单击右侧的【…】按钮，弹出"选择符号库"对话框（图2-2-7），选中要加载的"My symbol"符号库，单击【打开】按钮，完成符号库的加载，如图2-2-8所示。

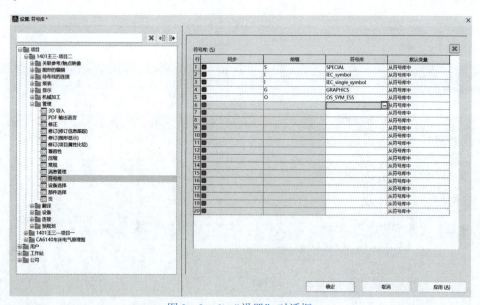

图2-2-6 "设置"对话框

---

① 本实例中【项目名称】即"1401 王三—项目二"。

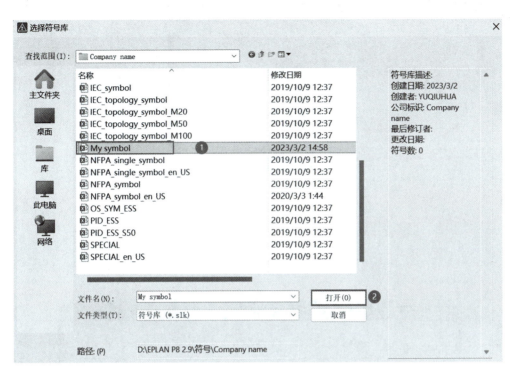

图2-2-7 "选择符号库"对话框

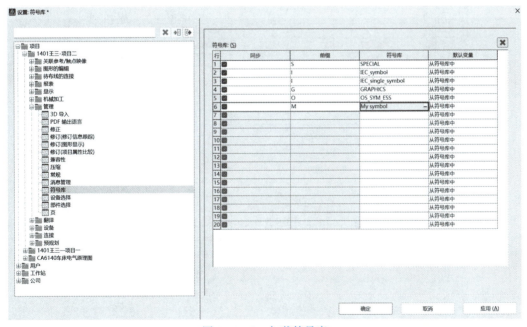

图2-2-8 加载符号库

方法二：选择菜单栏中的【项目数据】→【符号】命令，打开"符号选择"导航器，在该导航器中单击鼠标右键，在弹出的图2-2-9所示的菜单中选择【设置】命令，弹出图2-2-10所示的"设置：符号库"对话框，加载符号库的操作和第一种方法一致。

符号库和
符号的创建

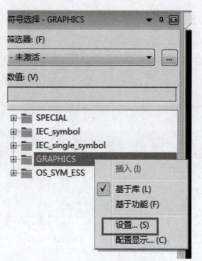

图 2 – 2 – 9　符号库

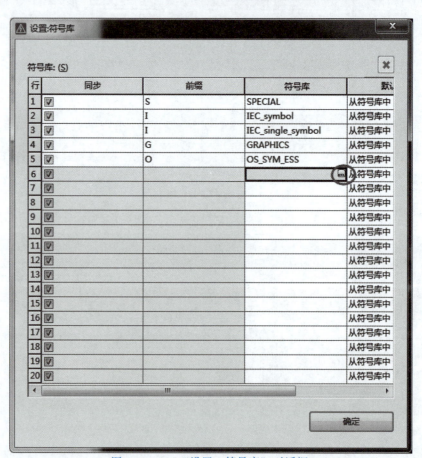

图 2 – 2 – 10　"设置：符号库"对话框

（三）创建符号

EPLAN 为用户提供了丰富的符号资源，但在实际电路设计过程中，有些特定的符号需要操作者自行制作。

1. 新建符号

选择菜单栏中的【工具】→【主数据】→【符号】→【新建】命令，弹出"打开创建符号的符号库"对话框，如图 2 - 2 - 11 所示，在该对话框中选择新建的符号库"My symbol. slk"，接着弹出图 2 - 2 - 12 所示的"生成变量"对话框，选择"变量 A"选项。

图 2 - 2 - 11　选择符号库

图 2 - 2 - 12　"生成变量"对话框

2. 设置符号属性

弹出"符号属性 - My symbol"对话框（图 2 - 2 - 13）后，修改/选择相关条目。修改/选择条目如下。

（1）修改"符号名"："电源隔离开关"；

（2）修改"符号类型"："功能"；

（3）修改"功能定义"："开关，四组常开触点"（图 2 - 2 - 14）；

（4）修改"逻辑"（连接点逻辑）：默认设置（图 2 - 2 - 15）；

（5）修改"符号表达类型"："多线"。

图 2-2-13 "符号属性-My symbol" 对话框

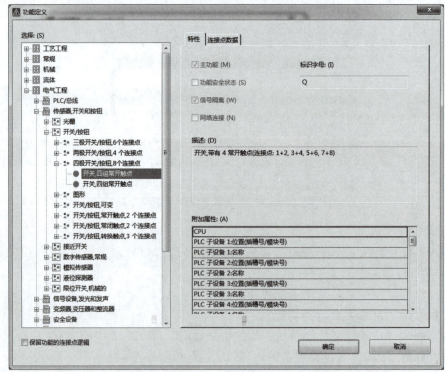

图 2-2-14 "功能定义" 对话框

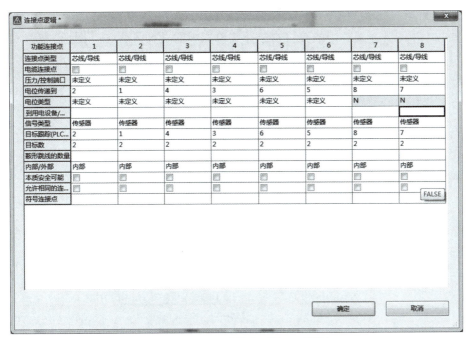

功能连接点	1	2	3	4	5	6	7	8
连接点类型	芯线/导线	芯线/导线	芯线/导线	芯线/导线	芯线/导线	芯线/导线	芯线/导线	芯线/导线
电缆连接点	☐	☐	☐	☐	☐	☐	☐	☐
压力/控制端口	未定义	未定义	未定义	未定义	未定义	未定义	未定义	未定义
电位传递到	2	1	4	3	6	5	8	7
电位类型	未定义	未定义	未定义	未定义	未定义	未定义	N	N
到用电设备/...								
信号类型	传感器	传感器	传感器	传感器	传感器	传感器	传感器	传感器
目标跟踪(PLC)	2	1	4	3	6	5	8	7
目标数	2	2	2	2	2	2	2	2
鞍形跳线的数量								
内部/外部	内部	内部	内部	内部	内部	内部	内部	内部
本质安全可能	☐	☐	☐	☐	☐	☐	☐	☐
允许相同的连...	☐	☐	☐	☐	☐	☐	☐	FALSE
符号连接点								

图 2 - 2 - 15 "连接点逻辑"对话框

3. 调整符号绘制参考点

单击"符号属性 – My symbol"对话框中下方的【确定】按钮后,进入符号编辑环境,如图 2 - 2 - 16 所示。EPLAN 符号库所提供的符号创建于图纸中心圆圈标注的点旁边,需滚动鼠标滚轮,将图纸原点调整到设计窗口的中心。符号的参考点是在摆放元件时所抓取的点,后续绘制新符号时可将图形原点作为参考点。

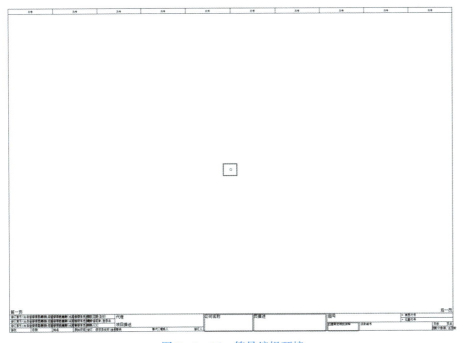

图 2 - 2 - 16　符号编辑环境

4. 使用图形工具绘图

单击"视图"工具栏中的按钮或选择菜单栏中的【插入】→【图形】命令，打开【图形】子菜单中的各项命令，如图 2 – 2 – 17 所示，可利用直线、折线、文本、图片、长方形、圆、样条曲线等各种图形绘制工具进行新符号的绘制。

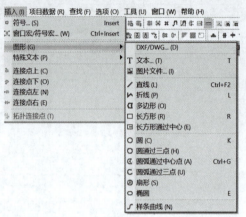

图 2 – 2 – 17　【图形】子菜单命令

为了提高效率，可插入一个类似电源隔离开关的三级旋转开关符号，选择菜单栏的【插入】→【符号】命令，弹出图 2 – 2 – 18 所示的"符号选择"窗口，选择"三级开关/按钮，6 个连接点"符号；插入该符号时，将十字光标移动至绘图界面的参考点处插入，如图 2 – 2 – 19 所示。该方法可以方便设计者不用逐个插入"设备标识符""关联参考"等功能文本和其他类型文本。

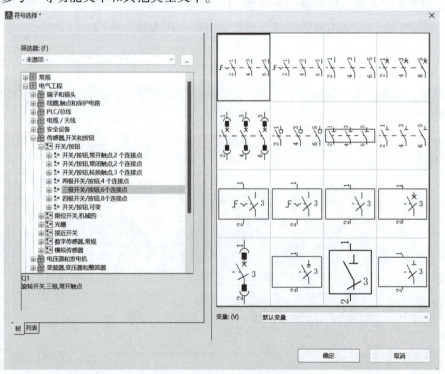

图 2 – 2 – 18　"符号选择"窗口

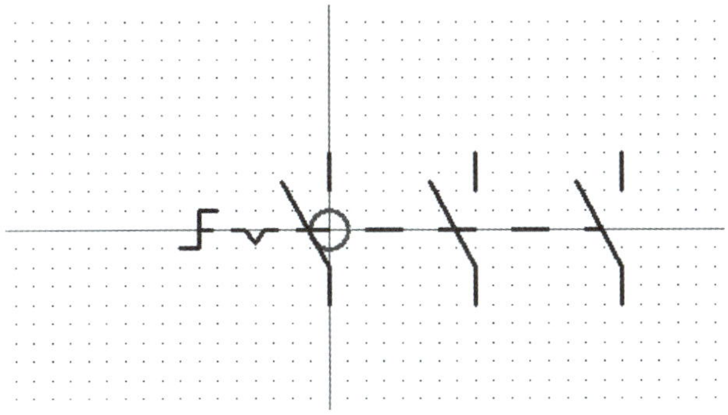

图 2-2-19　插入"三级开关/按钮，6 个连接点"符号

如图 2-2-20 所示，选择菜单栏中的【插入】→【连接点上】命令，在绘图界面插入连接点，然后弹出图 2-2-21 所示的"连接点"对话框，单击【确定】按钮。同理，可以插入"连接点下"的 8 号连接点，插入效果如图 2-2-22 所示。

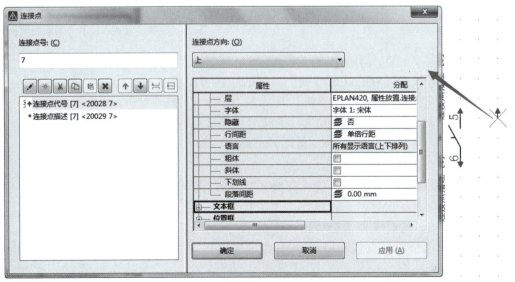

图 2-2-20　插入"连接点上"

图 2-2-21　"连接点"对话框

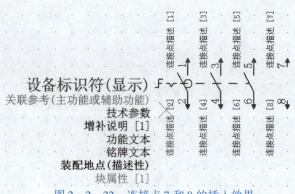

图 2 – 2 – 22　连接点 7 和 8 的插入效果

　　按住 Ctrl 键选中图 2 – 2 – 23 所示的线条，按 "Ctrl + C" 组合键进行复制，再按 "Ctrl + V" 组合键进行粘贴，将复制的线条插入连接点 7 的位置，复制效果如图 2 – 2 – 24 所示。

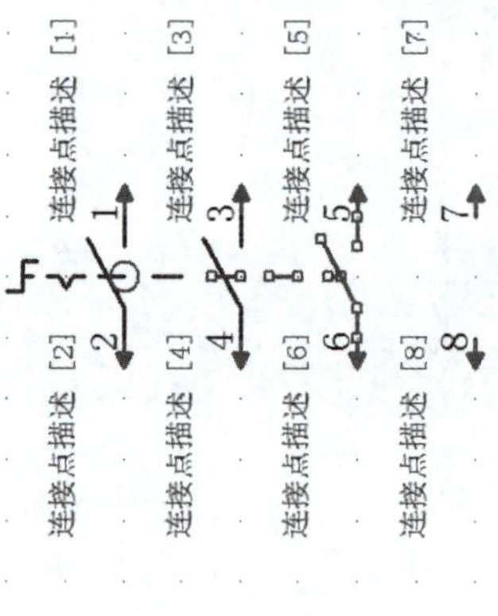

图 2 – 2 – 23　选中要复制的线条 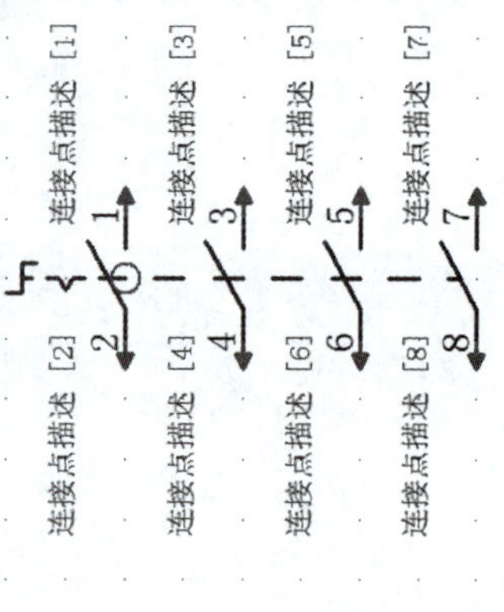　　　　　图 2 – 2 – 24　连接点 7 和 8 的复制效果

　　使用图 2 – 2 – 25 所示的图形工具条中的【直线】命令，绘制隔离开关符号的其余线条，绘制的时候可以将 "视图" 工具栏中的【捕捉到栅格】功能 关闭，以方便绘制出斜线。新绘制的四极隔离开关符号如图 2 – 2 – 26 所示。

5. 退出新建符号界面

　　完成符号绘制后，如图 2 – 2 – 27 所示，用鼠标右键单击目录树中的新建符号页，选择【关闭】命令，退出新建符号界面。这时界面上会弹出一个提示对话框，询问是否更新符号库，在这里直接单击提示对话框中的【是】按钮即可。

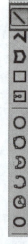

图 2 – 2 – 25　图形工具条

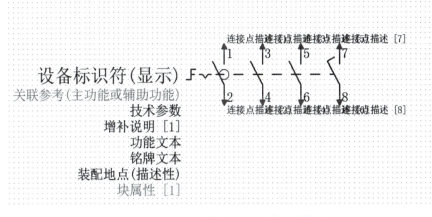

图 2 - 2 - 26　新绘制的四极隔离开关符号

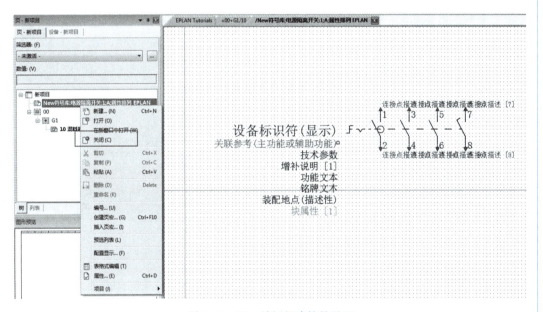

图 2 - 2 - 27　关闭新建符号界面

(四)"符号选择"导航器

选择菜单栏中的【项目数据】→【符号】命令,在工作窗口左侧弹出"符号选择"标签及"符号选择"导航器,如图 2 - 2 - 28 所示,在"筛选器"下拉列表中选择符合设计需求的不同标准的符号库,如图 2 - 2 - 29 所示。采用"符号选择"导航器插入符号可以提高插入符号的效率。

"符号选择"
导航器使用

如果在"符号选择"导航器中没有想要的符号库,可以单击"筛选器"右侧的【…】按钮,将弹出图 2 - 2 - 30 所示的"筛选器"对话框,可以看到此时系统已经装入的 IEC、GB 等多种标准符号库。

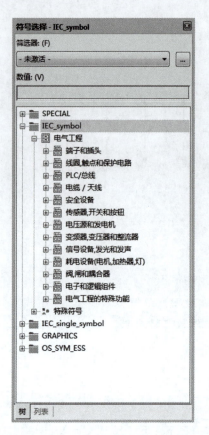

图 2 - 2 - 28 "符号选择"导航器

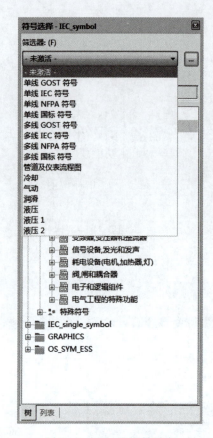

图 2 - 2 - 29 选择符号库

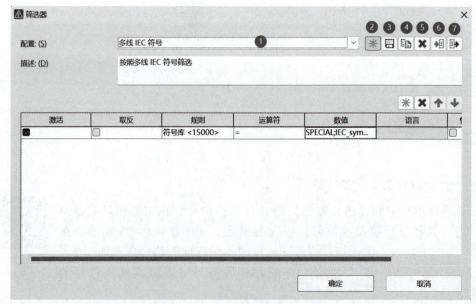

图 2 - 2 - 30 "筛选器"对话框

在"筛选器"对话框中可以进行如下操作。

（1）配置不同标准的符号库，包括 IEC、GB 等各种标准符号库；

（2）新建标准符号库；

（3）保存当前标准符号库；

（4）复制新建的标准符号库；

（5）删除标准符号库；

（6）导入元件库；

（7）导出元件库。

在"筛选器"对话框中，单击 ⬚ 按钮，弹出"新配置"对话框，显示已有的符号库信息，在"名称""描述"框中输入新符号库的名称与库信息的描述，如图 2 - 2 - 31 所示。单击【确定】按钮，返回"筛选器"对话框，显示新建的符号库"New符号库"，在下面的属性列表中，单击"数值"列，弹出"值选择"对话框，勾选所有默认标准库，如图 2 - 2 - 32 所示。单击【确定】按钮，返回"筛选器"对话框，完成新建的"IEC 符号"符号库选择。

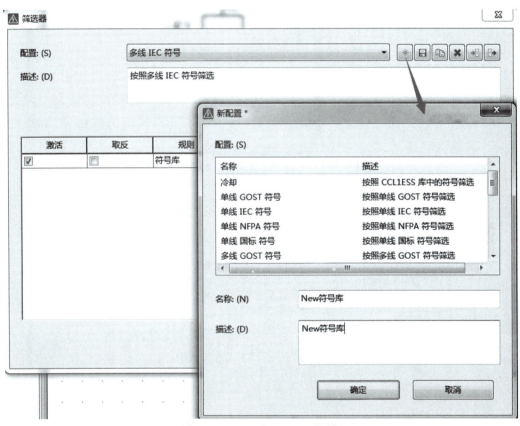

图 2 - 2 - 31 "新配置"对话框

单击【导入】按钮，弹出图 2 - 2 - 33 所示的"选择导入文件"对话框，导入"∗.xml"文件，加载绘图所需的符号库。加载完毕后，单击【确定】按钮，关闭"筛选器"对话框。这时所有加载的符号库都显示在"符号选择"导航器中，用户可以选择使用。新建的"New 符号库"显示所加载的新电气工程符号与特殊符号，如图 2 - 2 - 34 所示。

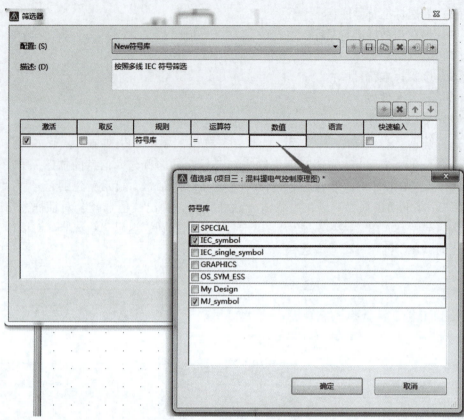

图 2 - 2 - 32 "值选择"对话框

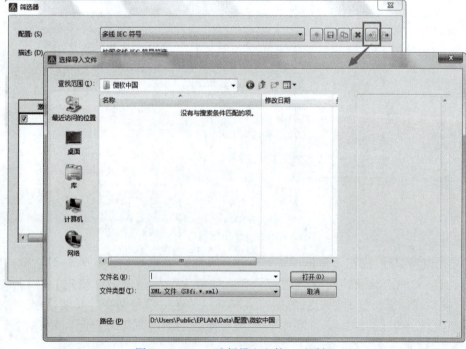

图 2 - 2 - 33 "选择导入文件"对话框

图 2 - 2 - 34 "选择符号"导航器

（五）元件实物和元件符号的对应关系

要绘制规范的电气图纸，应熟知元件实物、元件名称、元件标识符、元件符号的基础知识，下面介绍与本学习任务相关的元件基本知识，见表 2 - 2 - 1。

表 2 - 2 - 1 元件实物、元件标识符、元件符号的对应关系

序号	元件名称	元件实物	EPLAN 默认 元件标识符	常用元件 标识符	元件符号
1	电源隔离开关		Q	QF	
2	刹车电动机		M	M	

（六）项目检查

项目检查是对项目设计内容的程序逻辑进行确认的过程。在项目检查时生成的消息会被保存在消息数据库中，并在"项目名称"对话框中显示。每个消息都会得到简短的描述文本，通过帮助功能可以调入关于起因或解决的更明确的描述。

选择菜单栏中的【项目数据】→【消息】→【执行项目检查】命令进行项目检查, 单击设置选项框右侧的【…】按钮, 进行检查要素和检查规则配置, 如图2-2-35所示。

图2-2-35　配置检查要素

选择菜单栏中的【项目数据】→【消息】→【管理】命令, 查看检查结果, 如图2-2-36所示。

图2-2-36　查看检查结果

五、任务实施

根据客户委托要求用 EPLAN Electric P8 2.9 软件绘制清洗机电气安全回路, 并向客户交付资料。图纸要求如下。

(1) 新建图2-2-37所示的"New 符号库", 并将下面所创建的符号存放在新建的符号库中。

图2-2-37　新建符号库

学习笔记

（2）本项目供电回路要求 TN 系统中的电源切断装置必须为 4 极，中性导线的触点必须具有"提前闭合/延迟断开"特性，因此需要新建图 2 - 2 - 38 所示的电源隔离开关符号，然后替换学习任务 2.1 中清洗机供电回路的总开关，如图 2 - 2 - 39 所示。

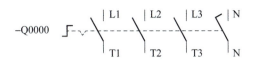

图 2 - 2 - 38　电源隔离开关

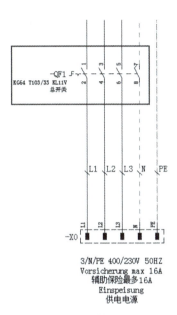

图 2 - 2 - 39　清洗机供电回路的总开关

（3）在新建的符号库中新建图 2 - 2 - 40 所示的刹车电动机符号。

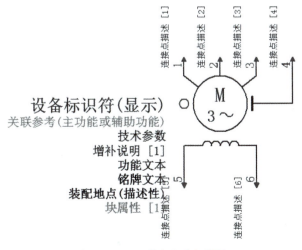

图 2 - 2 - 40　刹车电动机符号

（4）导出新建的符号。

六、检查与交付

（一）学习任务评价

按照下表2-2-2进行自查，完成后交给教师评分，必要时做相关讲解或演示说明；进行目测检查，检查每个检查点是否有问题存在，记录检查结果，若无问题则交付验收。

表2-2-2　学习任务2.2评价

评价类型	赋分	序号	检查点	分值	自评	组评	师评
职业能力	50	1	符号库建立正确	5			
		2	新建符号的基本信息按要求填写	5			
		3	符号绘制正确	10			
		4	符号导航器使用正确	10			
		5	元件符号的属性文本正确合理	5			
		6	元件符号能正确导出/导入	10			
		7	电气原理图整体美观大方，元件符号间距合理且一致	5			
职业素养	30	1	按时出勤	5			
		2	按时完成	5			
		3	按标准规范操作	5			
		4	互相协助，解决难点	5			
		5	工位保持干净整洁	5			
		6	持续改进优化	5			
素养评价	20	1	搜索"素养小贴士"相关素材	10			
		2	谈一谈对"具体问题具体分析"的看法	10			
评价系数				1	0.2	0.2	0.6
总分				100			

（二）成果分享和总结

将成果向同学展示，总结工作中的收获、遇到的问题和改进措施。

七、思考与提高

(1) 什么是隔离开关？什么是负荷开关？什么是断路器？这三者有什么区别？

(2) 什么是符号的变量？一个符号通常具有几个变量？插入符号时，修改符号变量的快捷键是什么？

学习任务2.3 绘制安全继电器

一、任务目标

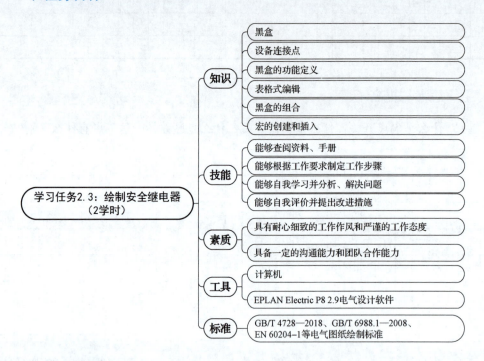

学习任务2.3：绘制安全继电器（2学时）

知识
- 黑盒
- 设备连接点
- 黑盒的功能定义
- 表格式编辑
- 黑盒的组合
- 宏的创建和插入

技能
- 能够查阅资料、手册
- 能够根据工作要求制定工作步骤
- 能够自我学习并分析、解决问题
- 能够自我评价并提出改进措施

素质
- 具有耐心细致的工作作风和严谨的工作态度
- 具备一定的沟通能力和团队合作能力

工具
- 计算机
- EPLAN Electric P8 2.9电气设计软件

标准
- GB/T 4728—2018、GB/T 6988.1—2008、EN 60204-1等电气图纸绘制标准

二、素养小贴士

让安全防护意识成为一种习惯

安全防护在生产生活中非常重要，为防止人体进入操作机器的危险区域，一般要设定安全防护装置，保证有人在误入操作机器的危险区域后，操作机器的执行元件动作及时停止，保证人身安全。要把安全防护意识贯彻到每一件小事，不仅要在思想上树立安全红线意识，在行为上遵守规章制度，同样要重视设备本身的维修和保养问题，才能从根本上守牢安全防线。

素质拓展：

三、任务描述

在标准 ISO 13849-1 中，安全控制回路性能等级（PL）定义为每小时危险失效的概率，分为 a、b、c、d、e 等 5 级。根据 ISO 13849-1 中安全等级的描述，安全控制回路性能等级与电气元件选择及电路接法有关，对于性能等级要求在 c 级及以上的安全控制回路，在设计时应选用安全控制元件及安全开关，如安全继电器、安全 PLC、安全光幕等。

通过使用风险图的方法，清洗机电气安全回路性能等级确定为 d 级，根据安全继电器的使用说明书，清洗机电气安全回路需要设计成双通道输入形式，即将急停按钮的两个触点接入安全继电器输入通道，且要求控制电路具备检测两个输入触点间短路故障的能力。

根据客户委托要求，用 EPLAN Electric P8 2.9 软件设计清洗机电气安全回路，并向客户交付资料。图纸要求如下。

（1）新建多线原理图（交互式）页，用黑盒分别表示安全继电器和变频器。
（2）将黑盒描述的安全继电器和变频器符号做成宏。
（3）为了便于设备的维护和保养、增强图纸的可读性，需要为元件符号添加必要的技术参数和功能文本。
（4）图纸中的元件符号连接点与实际元件端子代号保持一致。

四、知识准备

（一）黑盒

黑盒由图形元素构成，代表物理上存在的设备。通常用黑盒描述标准符号库中无法实现的设备符号。在电气设计过程中，一般使用黑盒加设备连接点的形式表示设备的外形轮廓，如触摸屏、变频器等设备。

1. 插入黑盒

选择菜单栏中的【插入】→【盒子/连接点/安装板】→【黑盒】命令（图 2-3-1），或单击"盒子"工具栏中的【黑盒】按钮 ，将光标移动到需要插入黑盒的位置，单击确定黑盒的一个顶点，移动光标到合适的位置再一次单击确定其对角顶点，即可完成黑盒的插入，如图 2-3-2 所示。按 Esc 键即可退出该操作。

2. 设置黑盒的属性

在插入黑盒的过程中，可以对黑盒的属性进行设置。插入黑盒后用鼠标右键单击，选择【属性】命令，弹出图 2-3-3 所示黑盒属性设置对话框，对黑盒的属性进行相应设置，在"显示设备标识符"框中输入黑盒的编号。

3. 修改黑盒的线型格式

打开"格式"选项卡，在"属性-分配"列表中显示黑盒图形符号：长方形的起点、终点、宽度、高度和角度；还可设置长方形的线宽、颜色、线型等参数，如图 2-3-4 所示。

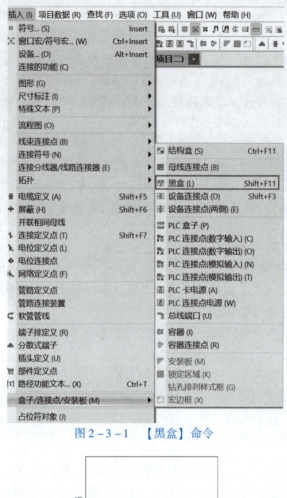

图 2 - 3 - 1 【黑盒】命令

图 2 - 3 - 2 创建黑盒

图 2 - 3 - 3 黑盒属性设置对话框

(二) 设备连接点

在项目设计过程中,设备连接点通常指电气设备上的端子,其符号和端子符号外形类似。设备连接点分两种,即单向连接和双向连接,如图 2 - 3 - 5 所示,其中设备连接点(两侧)中的 1 号连接点指对外,2 号连接点指对内,如图 2 - 3 - 6 所示。

设备连接点

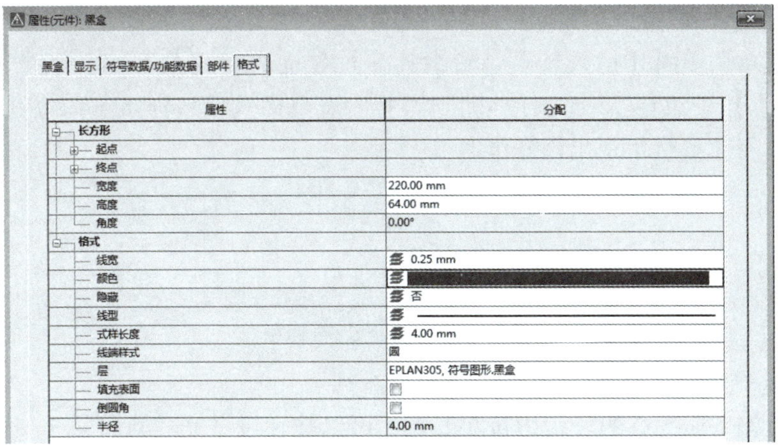

图 2-3-4 “格式”选项卡

(a)　　(b)

图 2-3-5 设备连接点

(a) 单向连接；(b) 双向连接

图 2-3-6 “符号数据/功能数据”选项卡

学习笔记

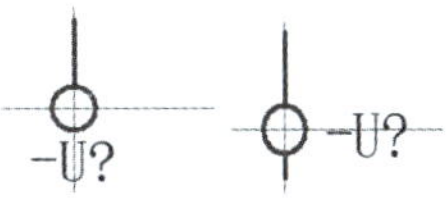

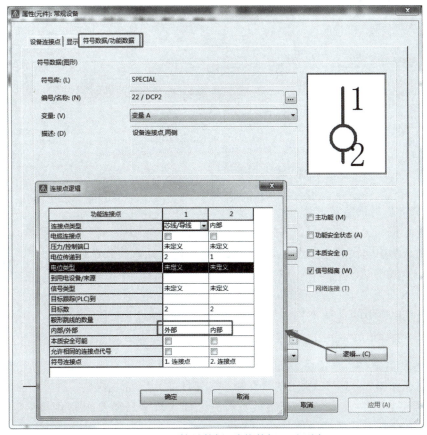

1. 插入设备连接点

选择菜单栏中的【插入】→【设备连接点】命令，或单击"盒子"工具栏中的【设备连接点】按钮 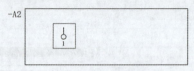，将光标移动到黑盒内需要插入设备连接点的位置，如图 2 - 3 - 7 所示，按 Esc 键可退出该操作。

图 2 - 3 - 7　插入设备连接点

2. 确定设备连接点方向

在放置设备连接点的过程中按 Tab 键，可以旋转设备连接点符号，变换设备连接点模式。

3. 设置设备连接点属性

插入设备连接点后用鼠标右键单击，选择【属性】命令，弹出"属性（元件）：常规设备"对话框（图 2 - 3 - 8），在"连接点代号"框中输入设备连接点名称，可以是信号的名称，也可以自己定义。

图 2 - 3 - 8　"属性（元件）：常规设备"对话框

4. 多重复制设备连接点

选择 C 栅格，选中 2 号设备连接点，从键盘输入"D"，进行多重复制，间隔 3 个栅格复制 5 个单向设备连接点，如图 2 - 3 - 9 所示，插入模式选择"编号"，复制结果如图 2 - 3 - 10 所示。

5. 插入设备连接点（两侧）

选择菜单栏中的【插入】→【盒子/连接点/安装板】→【设备连接点（两侧）】命令或单击"盒子"工具栏中的 按钮，插入设备连接点（两侧），如图 2 - 3 - 11 所示。

6. 在黑盒中插入常开主触点与常闭触点

分别选择图 2 - 3 - 12 所示的常开触点和常闭触点，插入黑盒。注意：插入时按住鼠标左键不放向右拖动，可以连续放置符号。插入符号后需要删除触点符号的显示设备标识符和连接点代号的数值。

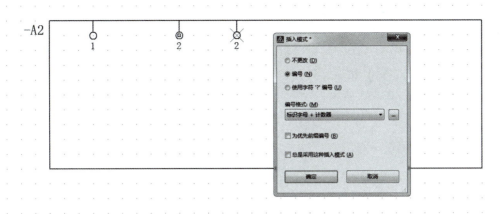

图 2 – 3 – 9 多重复制的"插入模式"对话框

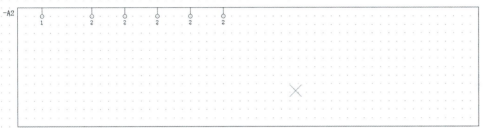

图 2 – 3 – 10 多重复制后的设备连接点

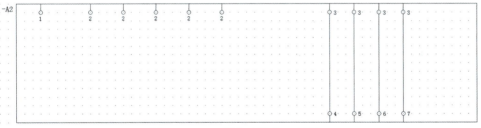

图 2 – 3 – 11 设备连接点（两侧）

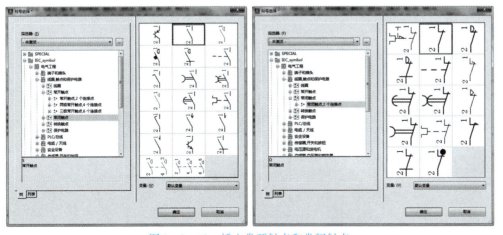

图 2 – 3 – 12 插入常开触点和常闭触点

由于此类触点为黑盒内部的连接，所以还需要修改它们的表达类型。框选所有常开触点和常闭触点，打开它们的属性设置对话框，在"功能"选项卡中删除显示设备标识符与连接点代号。在"符号数据/功能数据"选项卡中，将"表达类型"修改为"图形"。单击【逻辑】按钮，打开"连接点逻辑"对话框，将"连接点类型"修改为"内部"，如图 2-3-13 所示。

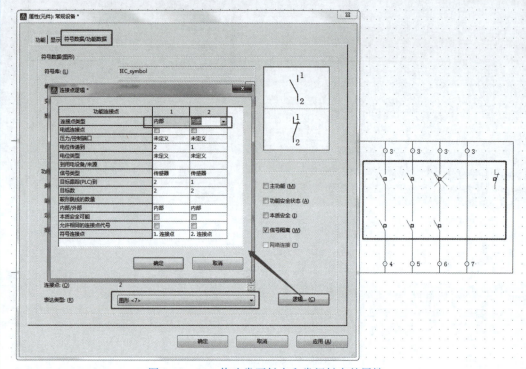

图 2-3-13 修改常开触点和常闭触点的属性

7. 插入连接符号

在"连接符号"工具栏中设置"T 节点（向右）、左下角、左上角连接"，将 T 节点作为点描绘。再单击快速工具栏中的 按钮更新连接命令，保持连线颜色一致，如图 2-3-14 所示。

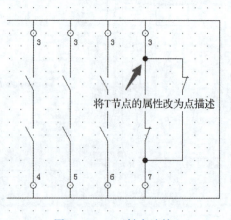

将T节点的属性改为点描述

图 2-3-14 触点连接

8. 绘制虚线

为了表示安全继电器的各个常开触点与常闭触点在得电与失电时是联动的，这里需要绘制两根直线，选择 A 栅格，选择快速工具栏中的 ✏ 直线命令，绘制联动线。用鼠标右键单击黑线，选择【属性】命令，弹出"属性（直线）"对话框，在"格式"选项列表中，将"线宽"设置为"0.25 mm"，"颜色"选择蓝色，"线型"选择虚线，如图 2–3–15 所示。提示：在绘制直线时，可按 X 键开启正交模式。

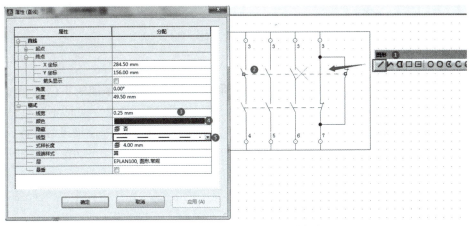

图 2–3–15 常开、常闭联动触点

（三）表格式编辑

在电气原理图设计过程中，若需要对大量端子或设备连接点进行编号、重命名、移动等操作，可以利用"表格式编辑"功能实现。

选中需要修改的端子、设备连接点等符号，单击鼠标右键，选择【表格式编辑】命令，即可对连接点代号、端子/插针代号、功能定义、表达类型、位置号、部件编号、功能文本、技术参数、装配地点（描述件）、铭牌文本、电缆/导管类型、电缆/导管截面积/直径等进行批量修改，如图 2–3–16 所示。修改黑盒上半部分连接点代号，修改黑盒内部设备连接点的最终效果如图 2–3–17 所示。

表格式编辑 - 1401王三 - 项目二1

配置: (S)

所有功能

行	连接点代号(全部) <20038>	连接点描述(全部) ...	名称(标识性) <20000>
1	A1		=CA1+EAA-A2:1
2	S21		=CA1+EAA-A2:2
3	S22		=CA1+EAA-A2:2
4	S31		=CA1+EAA-A2:2
5	S32		=CA1+EAA-A2:2
6	S33		=CA1+EAA-A2:2
7	S34		=CA1+EAA-A2:2
8	13		=CA1+EAA-A2:3
9	23		=CA1+EAA-A2:3
10	33		=CA1+EAA-A2:3
11	41		=CA1+EAA-A2:3

图 2–3–16 "表格式编辑"对话框

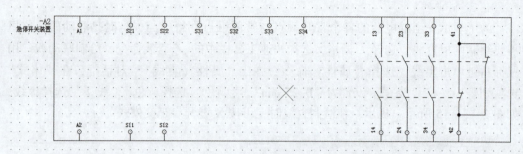

图 2 - 3 - 17　修改后的黑盒内部设备连接点

（四）黑盒的功能定义

制作完的黑盒只是描述了一个设备的图形化信息，还需要添加逻辑信息。为了让黑盒的图形与逻辑匹配，双击黑盒，弹出"属性（元件）：黑盒"对话框，打开"符号数据/功能数据"选项卡，在"功能数据"区域显示重新定义黑盒描述的设备。

单击"定义"框右侧的 <u> </u> 按钮，弹出"功能定义"对话框，重新定义设备所在类别为"保护电路"→"保护电路，可变"，如图 2 - 3 - 18 所示，单击【确定】按钮。"属性（元件）：常规设备"对话框第一个选项卡的名称"保护电路"为新设备名称，如图 2 - 3 - 19 所示。

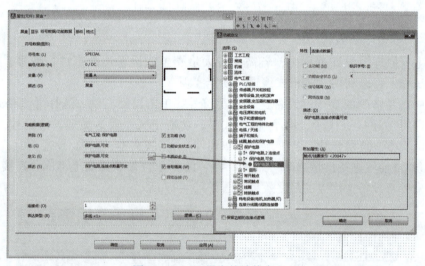

图 2 - 3 - 18　黑盒的功能定义

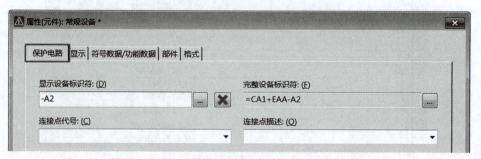

图 2 - 3 - 19　"属性（元件）：常规设备"对话框

定义黑盒功能文本：用鼠标右键单击黑盒，选择【属性】命令，打开"保护电路"选项卡，在功能文本中输入"急停开关装置"，单击"显示"选项卡，选中"功能文本 < 20011 >"，单击【取消固定】按钮 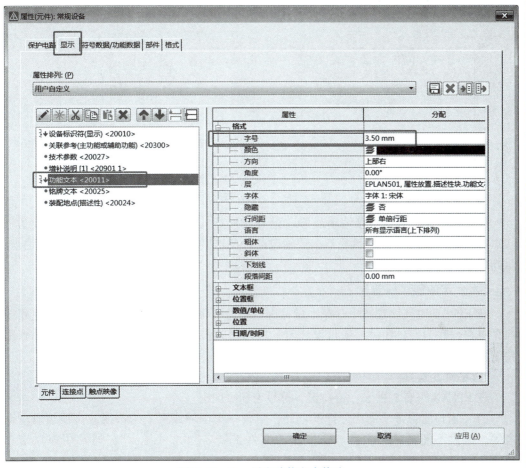，在右侧"格式"选项列表中，将"字号"改为"3.50 mm"，如图 2 – 3 – 20 所示。选中"急停开关装置"文本，单击鼠标右键，选择【文本】→【移动属性文本】命令，即可将文本移动到合适的位置，以方便查看，如图 2 – 3 –21 所示。

图 2 – 3 – 20　黑盒功能文本修改

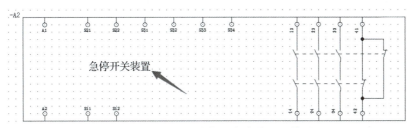

图 2 – 3 – 21　黑盒功能文本移动后的效果

（五）黑盒的组合

黑盒制作完成后，图形要素中的黑盒、设备连接点及其内部的图形要素是分散的。若需要整体移动安全开关，则需要将黑盒与内部各个元素组合在一起。选中黑盒及内部所有对象，选择菜单栏中的【编辑】→【其他】→【组合】命令或按 G 键，即可将黑盒与内部所有符号组成一个整体，在单击组合后的黑盒或设备连接点的时候，所有对象都随之移动。组合后的黑盒如图 2-3-22 所示。通过【编辑】→【其他】→【取消组合】命令，可取消黑盒的组合。

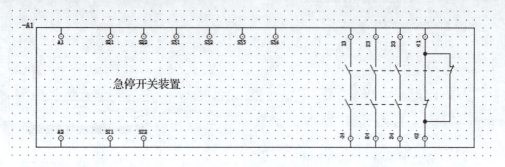

图 2-3-22　组合后的黑盒

黑盒组合后，无法直接编辑或修改设备连接点的信息。若想继续修改内部设备连接点等符号，可按住 Shift 键，双击要修改的设备连接点符号，弹出其属性设置对话框，重新编辑其属性。

（六）宏的创建和插入

在 EPLAN 电气原理图中存在大量标准电路，可将项目页中反复使用的部分电路或典型电路保存为宏，在后续项目设计时，可以很方便地将已经定义好的宏文件插入需要的位置，以提高项目设计效率。

1. 宏的类型

在 EPLAN 中有 3 种宏：窗口宏、符号宏和页面宏。

（1）窗口宏：最小的部分标准电路，包含一个区域或页上的单线或多线设备、对象等，最大不超过一个页面。窗口宏的文件扩展名为 "*.ema"，通常用窗口宏创建宏。

（2）符号宏：其功能类似窗口宏，但其文件扩展名为 "*.ems"。符号宏和窗口宏在 EPLAN 中为同一命令，符号宏的保留主要是为了延续老用户的使用习惯。

（3）页面宏：包含一页或多页项目图纸，其文件扩展名为 "*.emp"，通常在将某页或多页图纸导出时可以使用页面宏。

2. 宏的创建

以创建窗口宏为例，首先在相应的页面上选中操作对象 "急停开关装置" A1，选择菜单栏中的【编辑】→【创建窗口宏/符号宏】命令，或单击鼠标右键选择【创建窗口宏/符号宏】命令，或按 "Ctrl + F5" 组合键，弹出图 2-3-23 所示的 "另存为" 对话框，修改/选择项目信息相关条目。修改/选择条目如下：

图 2 - 3 - 23　"另存为"对话框

（1）"目录"：显示保存宏的目录。

（2）"文件名"：修改为"安全继电器"，后缀为".ema"，单击右侧的【…】按钮，可修改宏的默认保存路径。

（3）"表达类型"：为了方便排序，修改为"多线 < 1 >"。

（4）"变量"：每种表达类型有 16 个变量可选，这里修改为"变量 A"。

（5）"描述"：宏的注释性文本或技术参数，修改为"急停开关装置，安全继电器"。

3. 宏的插入

在电气原理图设计过程中，若使用到安全继电器电路时，则选择菜单栏中的【插入】→【窗口宏/符号宏】命令，或按 M 键，弹出"选择宏"对话框（图 2 - 3 - 24），选中已创建好的窗口宏"安全继电器 .ema"，单击【打开】按钮，此时光标变成交叉形状并附加选择的宏符号，在电气原理图中的相应位置插入宏。单击【确定】按钮，弹出"插入模式"对话框（图 2 - 3 - 25），选择插入宏的标识符编号格式与编号方式，宏插入完毕后，单击鼠标右键选择【取消操作】命令或按 Esc 键即可退出该操作。

五、任务实施

（1）根据客户委托要求，用 EPLAN Electric P8 2.9 软件绘制清洗机电气安全回路图纸，并向客户交付资料。图纸要求如下。

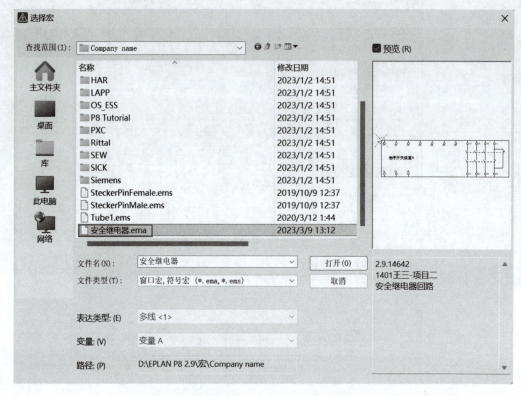

图 2 - 3 - 24 "选择宏"对话框

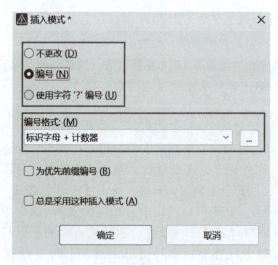

图 2 - 3 - 25 "插入模式"对话框

①在项目二中新建多线原理图（交互式）页，页名为"＝CAA＋EAA/3"，页描述为"安全继电器的绘制"，用黑盒绘制图 2 - 3 - 26 所示的急停开关装置，并将"急停开关装置"A1 生成宏，命名为"安全继电器.ema"。

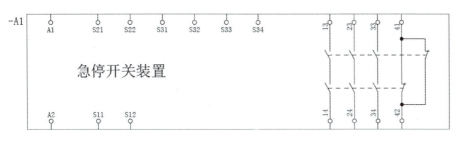

图 2 – 3 – 26　急停开关装置

②为了便于设备的维护和保养、增强图纸的可读性，需要为元件符号添加必要的技术参数和功能文本。

③图纸中的元件符号连接点与实际元件端子代号保持一致。

（2）图 2 – 3 – 27 所示为皮尔兹 X3 型安全继电器，请根据其工作原理与上述项目的接线要求完成下列填空。

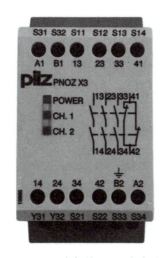

图 2 – 3 – 27　皮尔兹 X3 型安全继电器

①安全继电器作为＿＿＿＿元件，与各种安全开关（急停按钮、安全光栅、安全脚垫等）搭配，作为机械安全防护装置，降低意外事故发生的风险，以创造更加安全的工作环境。

②图 2 – 3 – 27 中的安全继电器的型号是＿＿＿＿，元件上的"POWER"指示灯亮表示＿＿＿＿＿＿＿，"CH. 1"和"CH. 2"指示灯亮表示＿＿＿＿＿＿＿；安全继电器上的"A1"和"A2"触点分别连接 24 V 直流电源的＿＿＿＿极和＿＿＿＿极。

（3）新建页，页名为"＝CAA＋EAA/5"，页描述为"电动机变频器控制原理图绘制"，用黑盒描述变频器，并制作成变频器符号宏，完成图 2 – 3 – 28 所示的刹车电动机变频器控制原理图的绘制。

变频器原理图
绘制及表格式
编辑

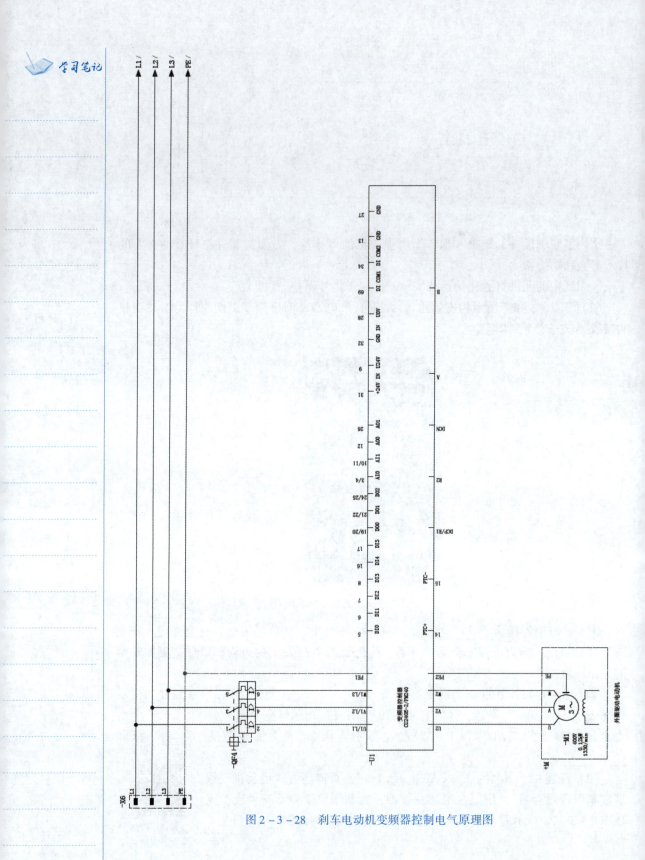

图 2 - 3 - 28　刹车电动机变频器控制电气原理图

六、检查与交付

（一）学习任务评价

按照表 2－3－1 进行自查，完成后交给教师评分，必要时做相关讲解或演示说明；进行目测检查，检查每个检查点是否有问题存在，记录检查结果，若无问题则交付验收。

表 2－3－1　学习任务 2.3 评价

评价类型	赋分	序号	检查点	分值	自评	组评	师评
职业能力	50	1	图纸页类型选择正确	5			
		2	图纸基本信息按要求填写	5			
		3	设备连接点对齐到栅格	5			
		4	符号选择和命名正确	5			
		5	设备连接点显示正确	5			
		6	黑盒属性设置正确	5			
		7	连接点代号与实际元件端子号保持一致	5			
		8	符号宏创建正确	5			
		9	电气原理图整体美观大方，元件符号间距合理且一致	5			
		10	电气原理图能实现功能要求	5			
职业素养	30	1	按时出勤	5			
		2	按时完成	5			
		3	按标准规范操作	5			
		4	互相协助，解决难点	5			
		5	工位保持干净整洁	5			
		6	持续改进优化	5			
素养评价	20	1	搜索"素养小贴士"相关素材	10			
		2	谈一谈对"让安全防护意识成为一种习惯"的看法	10			
评价系数				1	0.2	0.2	0.6
总分				100			

（二）成果分享和总结

将成果向同学展示，总结工作中的收获、遇到的问题和改进措施。

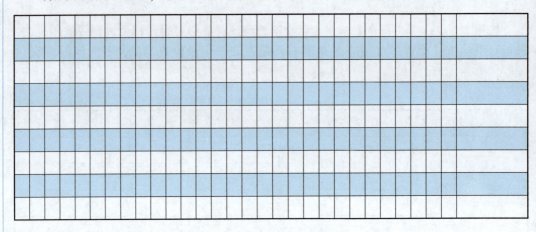

七、思考与提高

（1）EPLAN 绘图中在什么场合会使用到黑盒？为什么在绘制黑盒后需要对其进行功能定义？

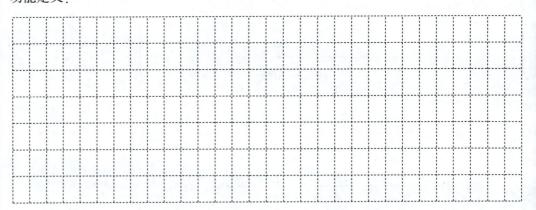

（2）什么是宏？有几种类型的宏？宏有多少个变量？

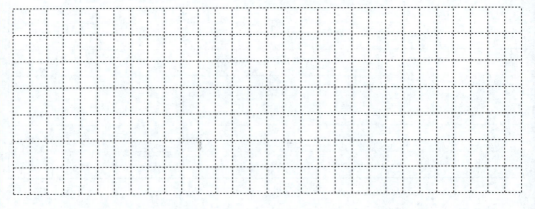

姓名＿＿＿＿＿　班级＿＿＿＿＿　学号＿＿＿＿＿　组号＿＿＿＿＿

学习任务2.4　绘制清洗机电气安全回路

一、任务目标

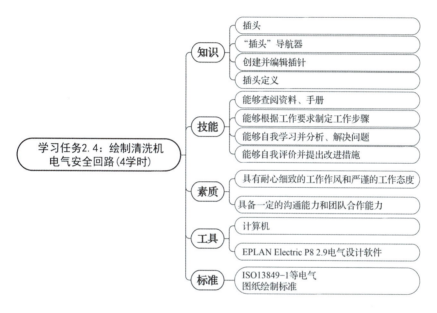

学习任务2.4：绘制清洗机电气安全回路(4学时)

知识
- 插头
- "插头"导航器
- 创建并编辑插针
- 插头定义

技能
- 能够查阅资料、手册
- 能够根据工作要求制定工作步骤
- 能够自我学习并分析、解决问题
- 能够自我评价并提出改进措施

素质
- 具有耐心细致的工作作风和严谨的工作态度
- 具备一定的沟通能力和团队合作能力

工具
- 计算机
- EPLAN Electric P8 2.9电气设计软件

标准
- ISO13849-1等电气图纸绘制标准

二、素养小贴士

培养合作意识，树立团队精神

　　清洗机电气安全回路包含不同模块的图纸页，学生在项目实施过程中通过协调任务分工，相互沟通，相互配合，合理地解决问题和意见冲突，共同完成复杂电气原理图的绘制。在协作劳动的过程中，学会换位思考，设身处地为整个团队又快又好地完成任务着想。

　　素质拓展：

三、任务描述

　　根据客户委托要求，用EPLAN Electric P8 2.9软件绘制清洗机电气安全回路图纸，并向客户交付资料。图纸要求如下。

（1）紧急停止功能只允许使用停止类别 0 和 1。

（2）当安全门电路触发时，性能等级（PLr）b 到 e 的动作必须停止。

（3）输出和执行器（阀岛、远程 I/O 等）的控制电源应分成急停前、急停后，以满足不同 PLC 的不同控制类别。

（4）为了便于设备的维护和保养、增强图纸的可读性，需要为元件符号添加必要的技术参数和功能文本。

（5）图纸中的元件符号连接点与实际元件端子代号保持一致。

四、知识准备

（一）插头

插头、耦合器和插座是可分解的连接，称为插头连接，用来将元件、设备和机器连接起来。插头的配对物称为耦合器（如果可以移动，则与电缆连接）或插座（固定在墙上或内置在设备里）。耦合器通常配有母插针。插座通常配有公插针或母插针的嵌入结构。

在 EPLAN 中所有插头连接都被概括为"插头"，统一进行管理。将插头理解为多个插针的组合，插针分为公插针和母插针。如图 2-4-1 所示，有凸起的一端叫作公插针，有凹槽的一端叫作母插针；带公插针的插头称为公插头，带母插针的插头称为母插头；带公插针的插座称为公插座，带母插针的插座称为母插座。

图 2-4-1　插针分类

插头符号

选择菜单栏中的【插入】→【符号】命令，将弹出"符号选择"对话框，在【电气工程】→【端子和插头】选项组下包含专门的插针与插座符号，如图 2-4-2 和图 2-4-3 所示。插座在电气原理图中分为插头和插座，连接点个数分为 2，3，4，5。

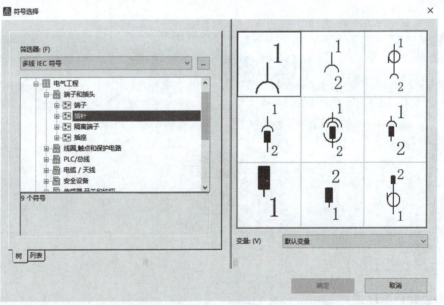

图 2-4-2　插针符号

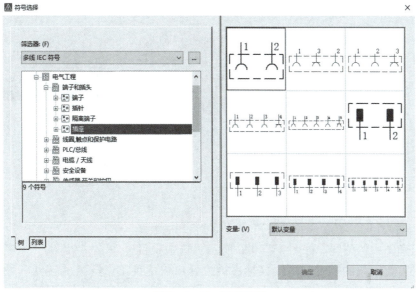

图 2 - 4 - 3　插座符号

选择需要的插头符号，单击【确定】按钮，选择需要放置的位置，单击，弹出"属性（元件）：常规设备"对话框，如图 2 - 4 - 4 所示，插头自动根据电气原理图中放置的元件编号进行更改，默认排序显示 X1，单击【确定】按钮，完成设置。重复上述操作可以继续放置其他插头，插头放置完毕，单击鼠标右键选择【取消操作】命令或按 Esc 键即可退出该操作。插头与插座总是成对出现的，完成插头放置后，放置插座的步骤相同，这里不再赘述。

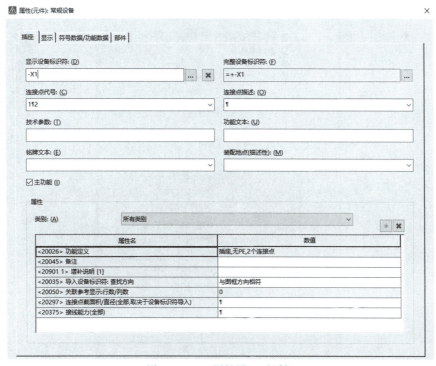

图 2 - 4 - 4　属性设置对话框

（二）"插头"导航器

选择菜单栏中的【项目数据】→【插头】命令，打开"插头"导航器，在"插头"导航器中包含项目的所有插头信息，提供和修改插头的功能，包括插头名称的修改、显示格式的改变、插头属性的编辑等。

1. 筛选对象的设置

单击"筛选器"面板最上部的下拉列表按钮，可在该下拉列表中选择想要查看的对象类别，如所图2-4-5所示。

2. 定位对象的设置

在"插头"导航器中可以快速定位导航器中元件在电气原理图中的位置。如图2-4-6所示，选中项目文件下的需要定位的插针，单击鼠标右键，弹出快捷菜单，选择【转到（图形）】命令，则自动打开插针所在的电气原理图页，并高亮显示该插针的图形符号，如图2-4-7所示。

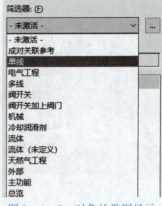

图2-4-5　对象的类别显示

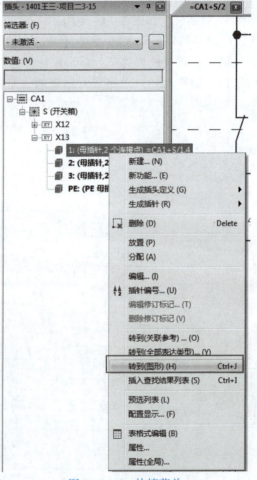

图2-4-6　快捷菜单

图 2 - 4 - 7　快速查找插头

(三) 创建并编辑插针

在"插头"导航器中单击鼠标右键，选择【新功能】命令（图 2 - 4 - 8），弹出"生成功能"对话框（图 2 - 4 - 9），填写"完整设备标识符"和"编号式样"，然后单击"功能定义"右侧的【…】按钮，弹出"功能定义"对话框（图 2 - 4 - 10），选择"公插针和母插针"，然后单击【确定】按钮，则在"插头"导航器中显示新建的 X12 插针，如图 2 - 4 - 11 所示。

创建并
编辑插针

图 2 - 4 - 8　快捷菜单

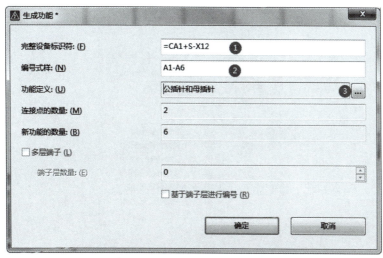

图 2 - 4 - 9　"生成功能"对话框

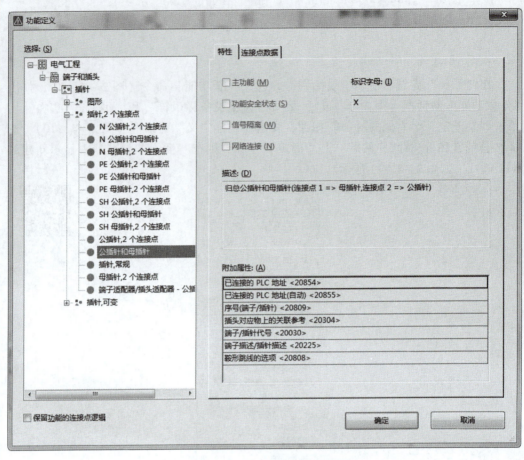

图 2 - 4 - 10 "功能定义"对话框

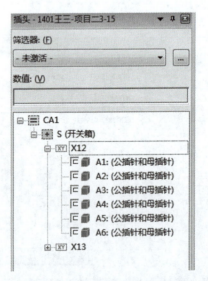

图 2 - 4 - 11 X12 插头创建完毕

（四）插入插头

在"插头"导航器中选择对象 X12 插针，如图 2 – 4 – 12 所示，向电气原理图中拖动，此时光标变成交叉形状并附带一个插针图形符号，移动光标，单击确定插针的位置。然后打开 X12 插针的元件属性对话框，如图 2 – 4 – 13 所示，在"符号数据/功能数据"选项卡中将插针的变量选择为"变量 C"，X12 插针放置效果如图 2 – 4 – 14 所示。

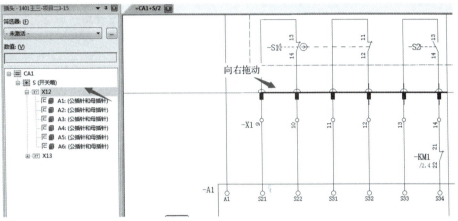

图 2 – 4 – 12　插入 X12 插针

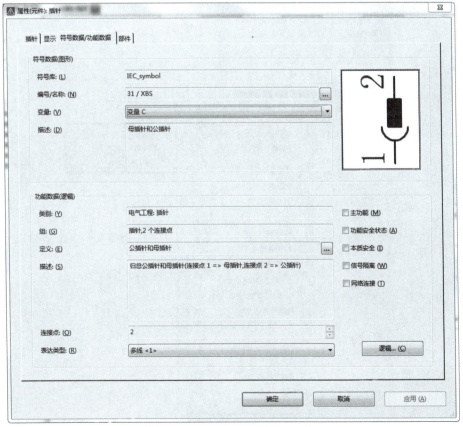

图 2 – 4 – 13　修改 X12 插针的变量

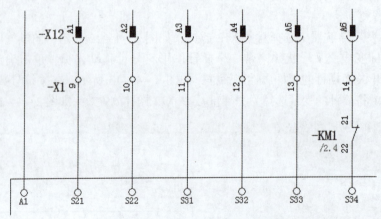

图 2 - 4 - 14　X12 插针放置效果

(五) 插头定义

在"插头"导航器中单击鼠标右键，选择【生成插头定义】命令，弹出图 2 - 4 - 15 所示的快捷菜单，可选择生成仅公插针、仅母插针、公插针和母插针的插头定义，即设备标识符。

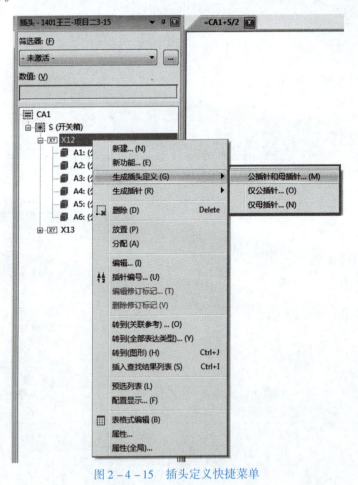

图 2 - 4 - 15　插头定义快捷菜单

选择【生成插头定义】→【公插针和母插针】命令后，自动打开公插针和母插针的插头定义属性编辑对话框，如图2-4-16所示，单击【确定】按钮，关闭对话框则完成插头的定义。

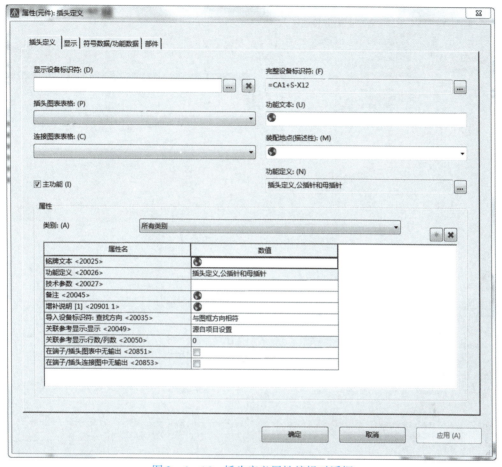

图2-4-16　插头定义属性编辑对话框

另一种方法是选择菜单栏中的【项目】→【组织】→【修正】命令，弹出"修正项目"对话框，单击右侧的【…】按钮，则弹出"设置：修正"对话框，在要修正的数据中勾选"插头"复选框，可以批量添加项目中所有插头的"插头定义"，如图2-4-17所示。

（六）放置元件符号

选择菜单栏中的【插入】→【符号】命令；或在绘图区空白处单击鼠标右键，选择【插入符号】命令；或按Insert快捷键，打开"符号选择"对话框，插入急停按钮符号（图2-4-18）和常闭触点（图2-4-19），插入复位按钮符号（图2-4-20），插入信号灯符号（图2-4-21），插入文本（图2-4-22），插入操作面板结构盒（图2-4-23）（且如图2-4-24所示，在操作面板结构盒属性对话框的"显示"选项卡中将"功能文本"取消固定，把"字号"修改为2.50 mm，将属性文本移动到合适的位置，修改结果如图2-4-25所示），插入安全继电器窗口宏/符号宏（图2-4-26）。

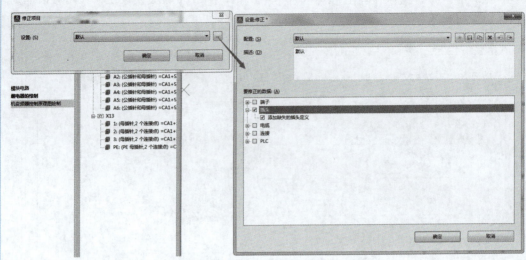

图 2 – 4 – 17　修正插头定义

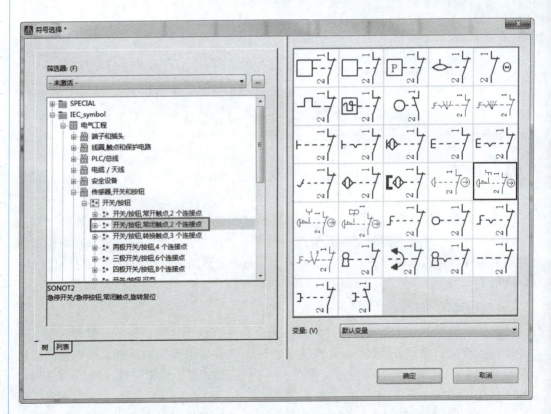

图 2 – 4 – 18　插入急停按钮符号

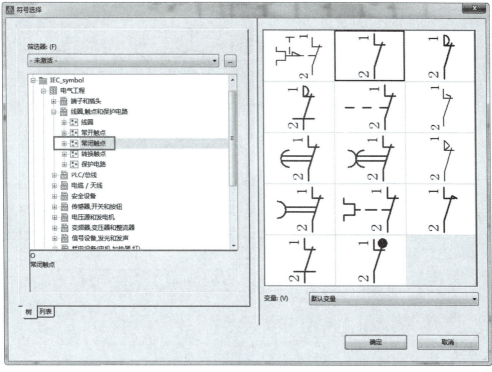

图 2 - 4 - 19　插入急停按钮另一对常闭触点

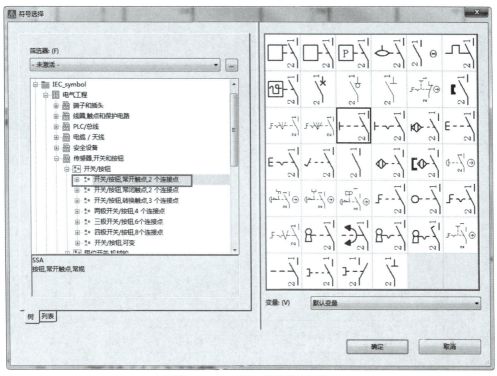

图 2 - 4 - 20　插入复位按钮符号

学习笔记

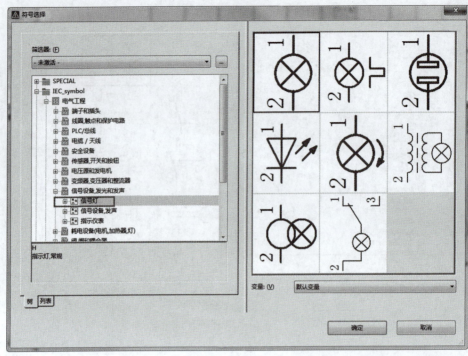

图 2 - 4 - 21 插入信号灯符号

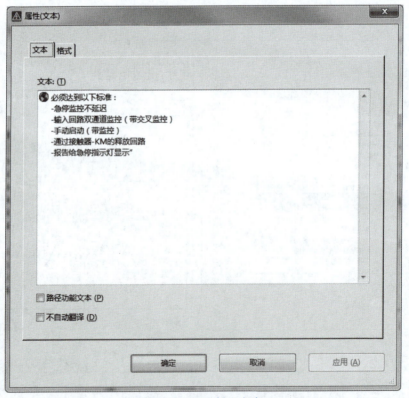

图 2 - 4 - 22 插入文本

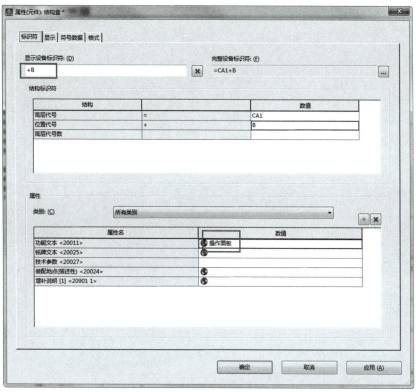

图 2 – 4 – 23　插入操作面板结构盒

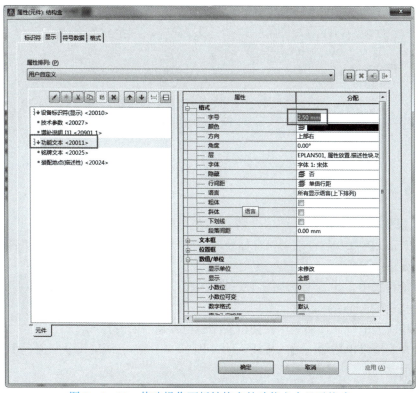

图 2 – 4 – 24　修改操作面板结构盒的功能文本显示格式

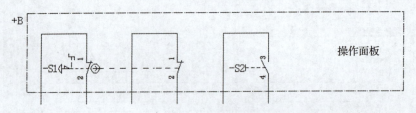

图2-4-25　移动操作面板结构盒属性文本的效果

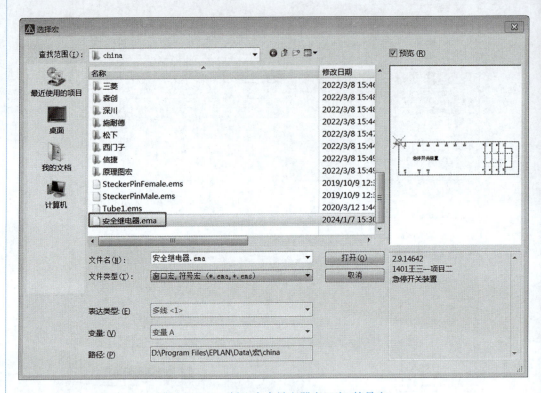

图2-4-26　插入安全继电器窗口宏/符号宏

五、任务实施

（1）根据客户委托要求，结合清洗机电气安全回路草图（图2-4-27），用 EPLAN Electric P8 2.9 软件绘制符合标准的清洗机电气安全回路图纸，并向客户交付资料。图纸要求如下。

①在项目二中新建多线原理图（交互式）页，页名为"=CAA＋EAA/4"，页描述为"清洗机的安全回路"。

②在相应的电气原理图页中，使用安全继电器窗口宏/符号宏。

③结合安全继电器输入端的接线说明（图2-4-28），正确设计双通道带触点间短路检测的电路。

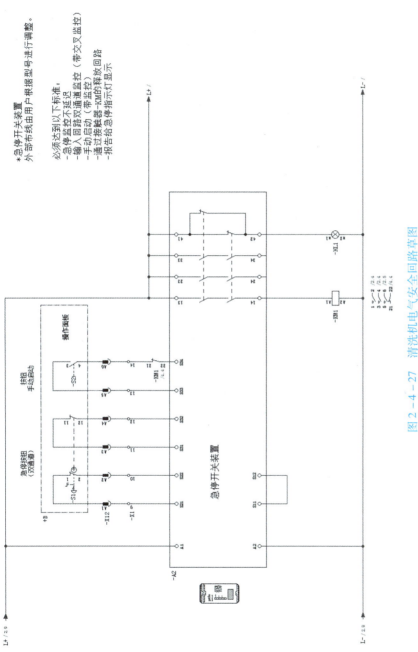

图2-4-27 清洗机电气安全回路草图

*急停开关装置
外部布线由用户根据型号进行调整。

必须达到以下标准：
-急停监控不延迟
-输入回路双通道监控（带交叉监控）
-手动启动（带监控）
-通过接触器-KM的释放回路
-报告给急停指示灯显示

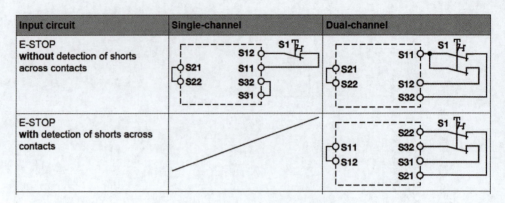

图 2 – 4 – 28 安全继电器输入端接线说明

④用"端子"导航器和"插头"导航器快速创建端子和插头。

⑤为了便于设备的维护和保养、增强图纸的可读性,需要为元件符号添加必要的技术参数和功能文本。

⑥图纸中的元件符号连接点与实际元件端子代号保持一致。

(2)图 2 – 4 – 29 所示为皮尔兹 X3 型安全继电器复位启动的接线说明,根据安全继电器的接线要求,手动复位按钮应该接在____端和____端。

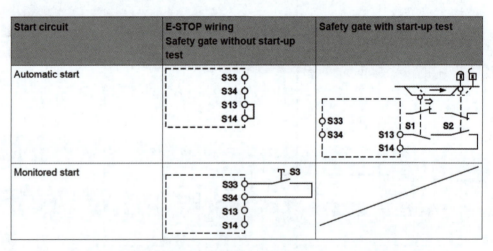

图 2 – 4 – 29 皮尔兹 X3 型安全继电器复位启动的接线说明

六、检查与交付

(一)学习任务评价

按照表 2 – 4 – 1 进行自查,完成后交给教师评分,必要时做相关讲解或演示说明;进行目测检查,检查每个检查点是否有问题存在,记录检查结果,若无问题则交付验收。

表2-4-1　学习任务2.4评价

评价类型	赋分	序号	检查点	分值	自评	组评	师评
职业能力	50	1	图纸页类型选择正确	5			
		2	图纸基本信息按要求填写	5			
		3	元件符号选择正确	5			
		4	端子定义和插头定义正确	5			
		5	插头和端子连接点显示正确	5			
		6	根据项目检查结果修正项目	5			
		7	符号宏使用正确	5			
		8	连接点代号与实际元件端子号保持一致	5			
		9	电气原理图整体美观大方，元件符号间距合理且一致	5			
		10	电气原理图能实现功能要求	5			
职业素养	30	1	按时出勤	5			
		2	按时完成	5			
		3	按标准规范操作	5			
		4	互相协助，解决难点	5			
		5	工位保持干净整洁	5			
		6	持续改进优化	5			
素养评价	20	1	搜索"素养小贴士"相关素材	10			
		2	谈一谈对"合作意识与团队精神"的看法	10			
评价系数				1	0.2	0.2	0.6
总分				100			

（二）成果分享和总结

将成果向同学展示，总结工作中的收获、遇到的问题和改进措施。

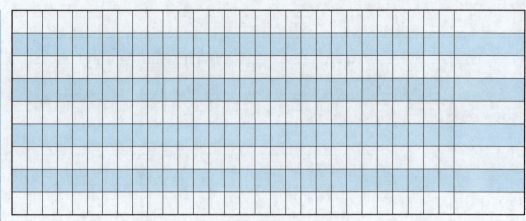

七、思考与提高

（1）在"插头"导航器中可对插针实现哪些操作？

（2）如何进行插头定义？有几种插头定义方式？

项目三　绘制滑仓系统 PLC 控制原理图

　　某设备有限公司应客户委托要求，准备装调一台滑仓系统的控制柜，现在需要根据客户委托要求绘制滑仓系统 PLC 控制原理图，并向客户交付资料。滑仓系统的机械组件如图 3-0-1 所示。

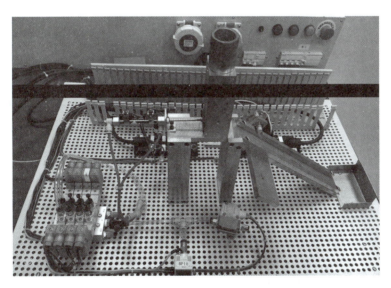

图 3-0-1　滑仓系统的机械组件

　　客户委托要求如下。
　　（1）使用特定图框，图框显示内容包括"项目描述""项目编号""公司名称""项目负责人""客户：简称""安装地点""高层代号""位置代号""总页数""页数"等信息。
　　（2）滑仓系统使用主开关接通电源。在急停开关无故障、所有操作元件处于基本位置"关"的情况下，主阀受控动作。如果没有状态良好的急停开关，则主阀不会受控动作，随着控制器的打开，操作面板和信号灯柱会亮灯。

（3）用旋转开关可接通控制器和所有功能显示用的信号灯。接通后显示设备瞬时状态。如果压力开关报告有至少 3Pa 的额定压力，则这种情况就会由信号灯指示出来，设备控制器因此释放。

（4）只有在控制器处于"开"的时候（释放中间继电器），点动/自动操作状态才能被激活。用旋转开关可以在点动操作和自动操作之间切换。当开关在位置"0"上时，设备处于点动状态，同时信号灯发光常亮。当开关在位置"1"上时，设备处于自动状态，信号灯以 1 Hz 的频率闪烁。

（5）点动操作时的功能流程：按下发光按钮后，气缸的活塞杆可以缩进、伸出；相应的缸端位置分别由信号灯指示出来；同时按下伸出和缩进按钮，不对气缸起控制作用。

（6）自动操作时的功能流程：气缸的活塞杆必须处于前缸端位置，才能启动自动操作，同时由信号灯指示基本位置；按下自动按钮，自动操作启动；"循环开"信号灯在循环时间内是开着的，（基本位置）信号灯在循环时间内是关闭的。

（7）在设备开通的情况下，按下急停按钮，操作面板和信号灯柱亮灯，主阀和电磁阀断电，设备停止运行。急停复位时，设备需要重新启动。

知识图谱

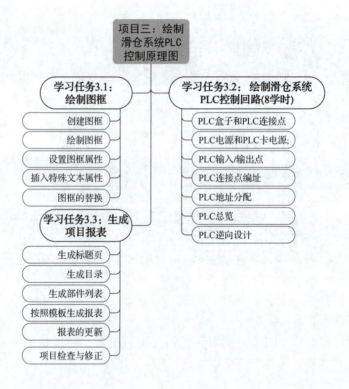

姓名＿＿＿＿＿＿　班级＿＿＿＿＿＿　学号＿＿＿＿＿＿　组号＿＿＿＿＿＿

学习任务3.1　绘制图框

一、任务目标

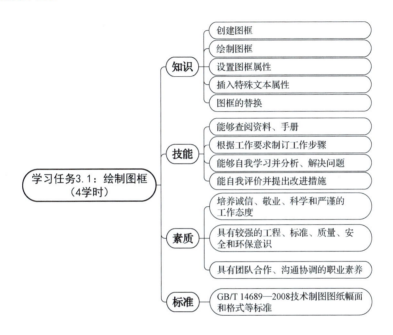

学习任务3.1：绘制图框（4学时）

知识
- 创建图框
- 绘制图框
- 设置图框属性
- 插入特殊文本属性
- 图框的替换

技能
- 能够查阅资料、手册
- 根据工作要求制订工作步骤
- 能够自我学习并分析、解决问题
- 能自我评价并提出改进措施

素质
- 培养诚信、敬业、科学和严谨的工作态度
- 具有较强的工程、标准、质量、安全和环保意识
- 具有团队合作、沟通协调的职业素养

标准
- GB/T 14689—2008技术制图图纸幅面和格式等标准

二、素养小贴士

不以规矩，不成方圆

　　图框是工程制图中图纸上限定绘图区域的线框。绘制图框时，需要符合 GB/T 14689—2008《技术制图 图纸幅面和格式》的规定。

　　素质拓展：

三、任务描述

　　一套图纸需要有自己的图框样式，根据客户委托要求，目前 EPLAN 默认提供的图框并不能满足要求，需要在此基础上进行自定义图框，具体要求如下。

（1）图框的幅面选择 A3 横向尺寸。

（2）图框标题栏中需要显示"项目描述""项目编号""公司名称""项目负责人""客户：简称""安装地点""创建日期和时间""高层代号""位置代号""总页数""页数"等信息。

（3）图框划分为 6 行、10 列，行号以字母格式显示，列号以数字格式显示，行文本和列文本字号为 2.5，标题栏字号为 3.5。

四、知识准备

（一）创建项目

选择菜单栏中的【项目】→【新建】命令，开始创建项目，在弹出的"创建项目"对话框（图 3 - 1 - 1）中修改/选择相关条目。修改/选择条目如下。

（1）修改"项目名称"："1401 王三 - 项目三"。

（2）修改"保存位置"：项目默认保存路径为软件安装目录"Home"下，单击【…】按钮，可将本项目的保存路径设置为桌面。

（3）修改"模板"："IEC_tpl001.ept"（图 3 - 1 - 2）。

（4）修改"设置创建日期"：勾选"设置创建日期"复选框，即项目创建时计算机当前时间。

（5）修改"设置创建者"："王三"。

图 3 - 1 - 1 "创建项目"对话框

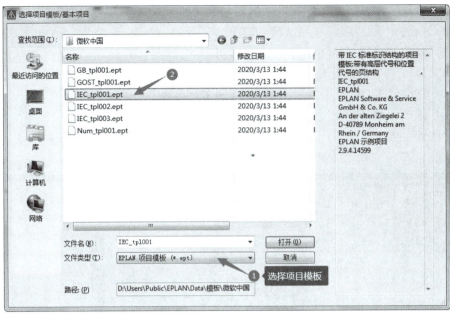

图 3 - 1 - 2　选择项目模板

然后，单击【确定】按钮，弹出"项目属性"对话框，根据客户项目要求修改或添加项目的属性，如图 3 - 1 - 3 所示。修改/选择条目如下。

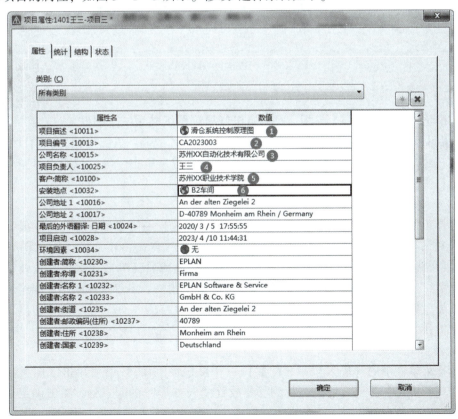

图 3 - 1 - 3　修改项目属性

（1）修改"项目描述"："滑仓系统控制原理图"；

（2）修改"项目编号"："CA2023003"；

（3）修改"公司名称"："苏州××自动化技术有限公司"；

（4）修改"项目负责人"："王三"；

（5）修改"客户：简称"："苏州××职业技术学院"；

（6）修改"安装地点"："B2车间"。

项目属性修改完毕后，单击【确定】按钮，创建的项目显示效果如图3-1-4所示。

图3-1-4　创建的项目显示效果

（二）创建图框

图框是项目图纸的一个模板，每一页电气原理图纸共用一个图框。图框主要以说明整个项目为目的，包括的内容主要有设计或制图人、审核人、项目号、项目名称、客户名称、当前页内容、总页数、当前页数、版本号等，说明内容主要体现在标题栏中。

1. 新建图框

选择菜单栏中的【工具】→【主数据】→【图框】→【新建】命令，弹出"创建图框"对话框，如图3-1-5所示，选择图框模板"Fn1_001.fn1"，输入图框名称"01HL"，默认保存在EPLAN数据库中，完成路径设置后，单击【保存】按钮，弹出"图框属性"对话框，显示创建的新图框参数，显示栅格、触点映像间距、非逻辑页上显示列号，如图3-1-6所示。单击【确定】按钮，左侧"页"导航器中即出现新建图框"01HL.fn1"（图3-1-7）。

2. 绘制图框

选择菜单栏中的【插入】→【图形】→【长方形】命令，或者单击"图形"工具栏中的【长方形】按钮，移动光标到需要放置"长方形"的起点处，单击确定长方形的角点，再次单击确定另一个角点，绘制两个嵌套的任意大小的长方形，如图3-1-8所示，按Esc键即可退出该操作。

图 3 - 1 - 5 "创建图框" 对话框

图 3 - 1 - 6 "图框属性" 对话框

学习笔记

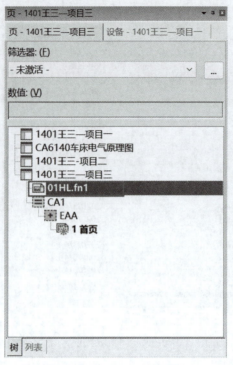

图 3 - 1 - 7　新建图框

长方形框的起点位置

图 3 - 1 - 8　绘制长方形

3. 设置图框尺寸

选中图框，单击鼠标右键选择【属性】命令，弹出"属性（长方形）"对话框，在"格式"选项列表中设置长方形的起点与终点坐标，如图 3 - 1 - 9 所示。外图框属性：起点 X 坐标 0 mm，Y 坐标 0 mm；终点 X 坐标 420 mm，Y 坐标 297 mm。内图框属性：起点 X 坐标 7 mm，Y 坐标 20 mm；终点 X 坐标 413 mm，Y 坐标 290 mm。图框尺寸设置效果如图 3 - 1 - 10 所示。

（a）   （b）

图 3 - 1 - 9　内、外图框的"属性（长方形）"对话框

（a）内图框；（b）外图框

图 3 - 1 - 10　图框尺寸设置效果

4. 划分行与列

选择 A 栅格，选择"图形"工具栏中的直线命令，先绘制一根竖线，从键盘输入"D"，进行多重复制，继续按 S 键，弹出"选择增量"对话框（图 3 - 1 - 11），设置当

图 3 - 1 - 11　"选择增量"对话框

前增量（X：42，Y：1），单击【确定】按钮，不要移动鼠标，按→键移动绘制的竖线，继续按 Enter 键，弹出"多重复制"对话框（图 3-1-12），将"数量"设置为"9"后单击【确定】按钮，即将其等分成 10 列。

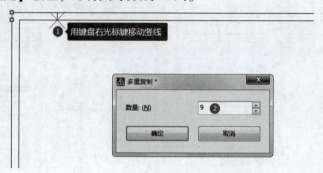

图 3-1-12 "多重复制"对话框

同理，将图框等分成 6 行，其中行高为 45 mm。另一侧行的划分则通过复制、粘贴操作完成，为保证直线上、下、左、右对齐，可在粘贴前按 X 键和 Y 键开启正交模式，行与列的划分结果如图 3-1-13 所示。

图 3-1-13 行与列的划分结果

5. 绘制标题栏

选择"图形"工具栏中的直线命令，将标题栏等分成两行，继续绘制标题栏格子，宽度自行调整到合适的尺寸即可。修剪直线可通过菜单栏中的【编辑】→【图形】→【修剪】命令完成，标题栏绘制结果如图 3-1-14 所示。

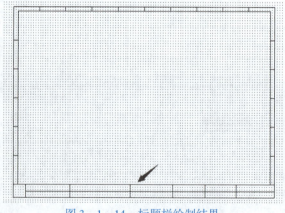

图 3-1-14 标题栏绘制结果

（三）设置图框属性

选中"页"导航器中的"01HL"图框，用鼠标右键单击，选择【属性】命令，打开"图框属性－01HL"对话框（图 3 - 1 - 15），可对行数、列数、行编号格式等参数进行修改。单击右上角的 ✖ 按钮，可删除属性参数，单击右上角的 ✳ 按钮，打开"属性选择"对话框（图 3 - 1 - 16），在"筛选器"框中搜索需要的属性参数，单击【确定】按钮即可添加。本图框需要添加和修改的参数如图 3 - 1 - 17 所示。

图框属性创建

图 3 - 1 - 15   "图框属性－01HL"对话框

图 3 - 1 - 16   "属性选择"对话框

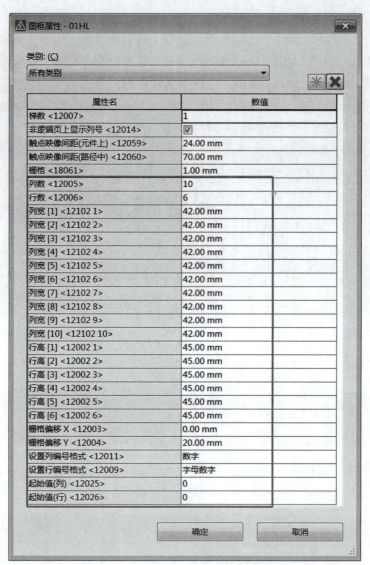

图 3 – 1 – 17 "图框属性" 对话框

注意:

若想判断图框行、列属性中的行高和列宽数值设置是否准确，可通过菜单栏中的【视图】→【路径】命令检验。

（四）插入特殊文本

1. 插入行文本和列文本

图框的顶部每一列显示列号，称为列文本，图框的每一行显示行号，称为行文本。若需要插入列文本，则选择 A 栅格，选择菜单栏中的【插入】→【特殊文本】→【列文本】命令，弹出 "属性（特殊文本）：列文本" 对话框，如图 3 – 1 – 18 所示，可在 "格式" 选项卡中对列文本的字号、颜色、方向和角度等参数进行修改，单击【确定】按钮，光标变成交叉形状并附带文本符号，移动光标到内、外边框中间位置处，单击即可，完成单个列号的放置，按 Esc 键可退出该操作。其余列号的插入可通过多重复制命令完成。

行文本的插入操作与列文本的插入操作类似，这里不再赘述，行号、列号放置效果如图 3 – 1 – 19 所示。

图 3 – 1 – 18　"属性（特殊文本）列文本"对话框

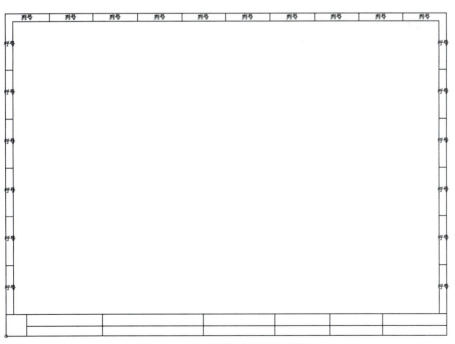

图 3 – 1 – 19　行号、列号放置效果

2. 插入标题栏文本

图框底部标题栏中显示的图框信息文本主要分为项目属性文本、页属性文本和普通文本等，均需要进行插入并编辑，其中项目属性文本和页属性文本都属于特殊文本。

通常在插入特殊文本前，需要在其前面插入备注文本，备注文本一般由普通文本表示。选择菜单栏中的【插入】→【图形】→【文本】命令，弹出"属性（文本）"对话框（图3－1－20），可在"格式"选项卡中对备注文本的字号、方向、字体、位置等属性进行相关设置，插入备注文本的结果如图3－1－21所示。

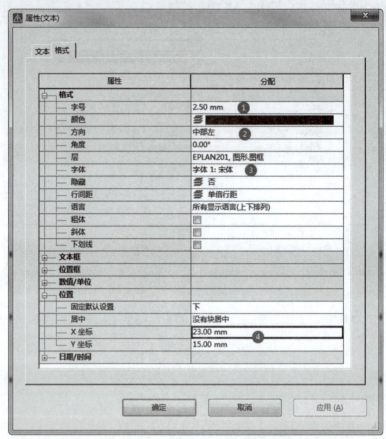

图3－1－20　"属性（文本）"对话框

图3－1－21　插入备注文本的结果

在备注文本后还需要插入特殊文本，选择菜单栏中的【插入】→【特殊文本】→【项目属性】命令，弹出"属性（特殊文本）：项目属性"对话框（图3－1－22），单击"放置"选项卡中的【…】按钮，弹出"属性选择"对话框（图3－1－23），为方便快速查找，可在"筛选器"框中输入筛选词，然后选择需要插入的属性，单击【确定】按钮。这时光标变成交叉形状并附带该属性符号，将特殊文本"客户：简称"放置于备注文本之后，如图3－1－24所示，完成当前属性放置。

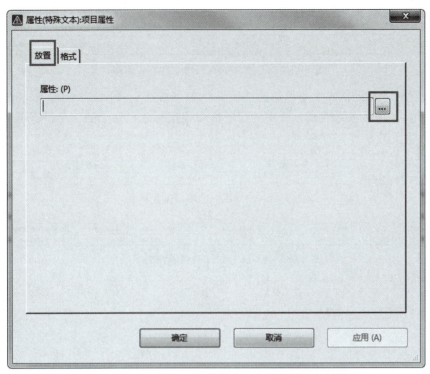

图 3 - 1 - 22 "属性（特殊文本）：项目属性"对话框

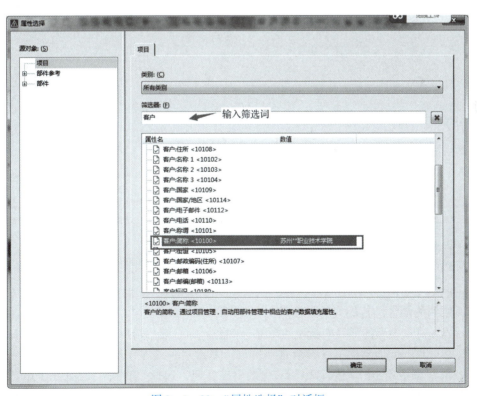

图 3 - 1 - 23 "属性选择"对话框

⫻ EPLAN	客户名称: 客户:简称 ←	项目描述:	公司名称:
	项目日期:	页描述:	制图员:

图 3 - 1 - 24　添加项目属性"客户：简称"

本图框标题栏的信息文本添加的项目属性文本如图 3 - 1 - 25 所示，添加的页属性文本如图 3 - 1 - 26 所示，属性文本的位置需要根据标题栏格子的大小进行调整。创建完成的图框如图 3 - 1 - 27 所示。

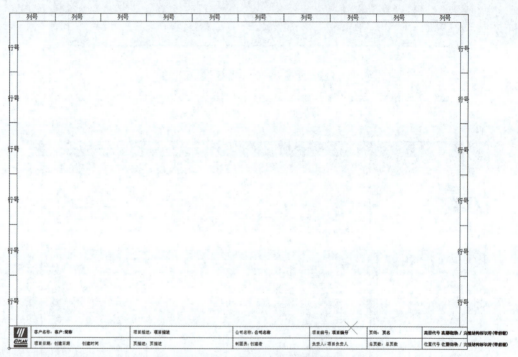

图 3 - 1 - 25　添加的项目属性文本

图 3 - 1 - 26　添加的页属性文本

图 3 - 1 - 27　创建完成的图框

（五）图框的替换

企业对于不同的项目有不同的设计需求，电气设计者需要根据客户的需求对项目图纸所用到的图框进行相应的替换。

首先，需选中当前项目中新建的图框，单击鼠标右键，选择【关闭】命令，关闭该图框。在"页"导航器的项目中新建项目页，弹出"页属性"对话框（图 3 - 1 - 28），在"数值"栏中单击"图框名称"右侧的下拉按钮，选择"查找"选项，打开"选择图框"对话框（图 3 - 1 - 29），选中需要更换的图框，单击【打开】按钮，完成图框的调用操作。

图 3 - 1 - 28 "页属性"对话框

图 3 - 1 - 29 "选择图框"对话框

若想后续多个项目都使用该新建的图框，则需要修改项目属性。选择菜单栏中的【选项】→【设置】→【1401 王三—项目三】→【管理】→【页】→【默认图框】命令，如图3-1-30所示，选中默认图框右侧的下拉列表中选择"查找"选项，弹出"选择图框"对话框（图3-1-31），找到"01HL"图框，单击【确定】按钮，即可在后续的电气绘图新建页时每次都默认调用新建的图框。

图3-1-30 "设置：页"对话框

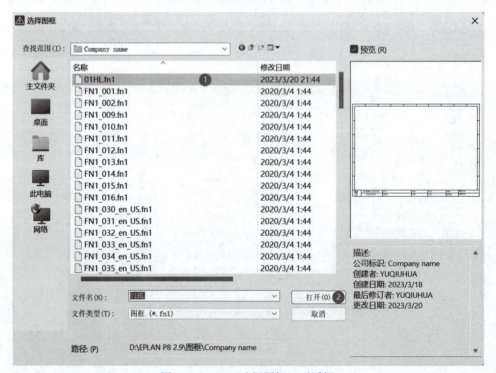

图3-1-31 "选择图框"对话框

五、任务实施

根据客户委托要求，用 EPLAN Electric P8 2.9 软件绘制滑仓系统 PLC 控制原理图，并向客户交付资料。图纸要求如下。

（1）新建项目，项目命名规则为"学号后四位姓名—项目三"，如"1401 王三—项目三"，项目模板选择"IEC_tpl001.ept"。添加项目属性值——"项目描述"：滑仓系统控制原理图，"项目编号"：CA2023003，"公司名称"：苏州××自动化技术有限公司，"项目负责人"：王三，"客户：简称"：苏州××职业技术学院，"安装地点"：B2 车间。

（2）在项目三中新建"01HL"图框，图框的尺寸为长 420 mm、宽 297 mm，行数为 6，列数为 10，行编号格式为数字，列标号格式为字母数字，如图 3 - 1 - 32 所示，图框标题栏由项目描述、页描述、创建日期、负责人、页码、总页数、高层代号、位置代号等信息文本构成。

	客户名称：客户：简称		项目描述：项目描述		公司名称：公司名称		项目编号：项目编号		页码：页名		高层代号 高层代码（带）/完整结构标识符（带层框）
	项目日期：创建日期	创建时间	页描述：页描述		制图员：创建者		负责人：项目负责人		总页数：总页数		位置代号 位置代码/完整结构标识符（带层框）

图 3 - 1 - 32　图框标题栏

（3）如图 3 - 1 - 33 所示，在项目三中新建多线原理图（交互式）页"= CA1 + EAA/1"显示创建的图框，图框名称选择"01HL"图框，调用的图框显示效果如图 3 - 1 - 34 所示。

图 3 - 1 - 33　调用新建图框

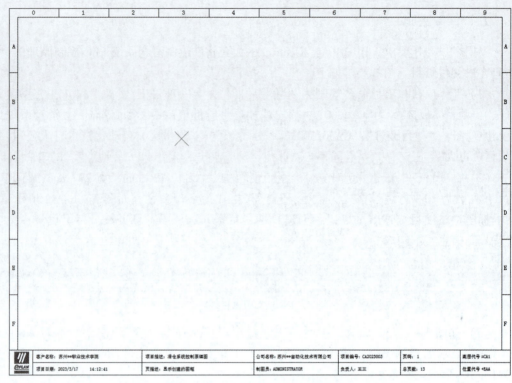

图 3 - 1 - 34　调用的图框显示效果

六、检查与交付

(一) 学习任务评价

按照表 3 - 1 - 1 进行自查，完成后交给教师评分，必要时做相关讲解或演示说明；进行目测检查，检查每个检查点是否有问题存在，记录检查结果，若无问题则交付验收。

表 3 - 1 - 1　学习任务 3.1 评价

评价类型	赋分	序号	检查点	分值	自评	组评	师评
职业能力	50	1	标题页信息填写正确	5			
		2	图框布局显示合理	5			
		3	行/列文本插入规范	5			
		4	图框标题栏命名正确	10			
		5	特殊文本插入正确	10			
		6	项目属性及页属性对齐到栅格	5			
		7	图框调用正确	5			
		8	图框整体美观大方，标题栏信息间距合理且一致	5			

続表

评价类型	赋分	序号	检查点	分值	自评	组评	师评
职业素养	30	1	按时出勤	5			
		2	按时完成	5			
		3	按标准规范操作	5			
		4	互相协助，解决难点	5			
		5	工位保持干净整洁	5			
		6	持续改进优化	5			
素养评价	20	1	搜索"素养小贴士"相关素材	10			
		2	谈一谈对"不以规矩，不成方圆"的看法	10			
评价系数				1	0.2	0.2	0.6
总分				100			

（二）成果分享和总结

将成果向同学展示，总结工作中的收获、遇到的问题和改进措施。

七、思考与提高

（1）自由文本、属性文本和特殊文本的区别是什么？

（2）如何在 EPLAN 中更改项目所有页面的图框？

姓名_____　班级_____　学号_____　组号_____

学习任务3.2　绘制滑仓系统PLC控制回路

一、任务目标

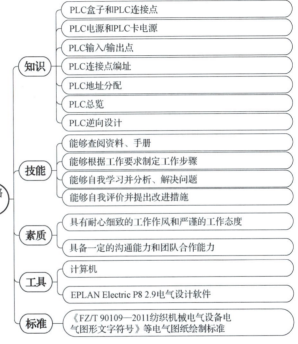

学习任务3.2：绘制滑仓系统PLC控制回路（8学时）

知识
- PLC盒子和PLC连接点
- PLC电源和PLC卡电源
- PLC输入/输出点
- PLC连接点编址
- PLC地址分配
- PLC总览
- PLC逆向设计

技能
- 能够查阅资料、手册
- 能够根据工作要求制定工作步骤
- 能够自我学习并分析、解决问题
- 能够自我评价并提出改进措施

素质
- 具有耐心细致的工作作风和严谨的工作态度
- 具备一定的沟通能力和团队合作能力

工具
- 计算机
- EPLAN Electric P8 2.9电气设计软件

标准
- 《FZ/T 90109—2011纺织机械电气设备电气图形文字符号》等电气图纸绘制标准

二、素养小贴士

工欲善其事，必先利其器

　　PLC 自动化控制系统是采用可编程逻辑控制器（PLC），对所需实现自动控制的设备进行集中化控制。PLC 就像人的大脑，PLC 自动化控制系统中的光电传感器就像人的眼睛，磁性开关就像人的触觉器官，电磁阀就像人的肌肉，气缸就像人的手和胳膊，电动机与传送带就像人的腿，通信总线就像人的神经系统。

　　素质拓展：

三、任务描述

根据客户委托要求，设计滑仓系统 PLC 控制回路，具体控制要求如下。

（1）用旋转开关可接通控制器和所有功能显示用的信号灯。接通后显示设备瞬时状态。如果压力开关报告有至少 3Pa 的额定压力，则这种情况就会由信号灯指示出来，设备控制器因此释放。

（2）只有在控制器处于"开"的时候（释放中间继电器），点动/自动操作状态才能被激活。用旋转开关可以在点动操作和自动操作之间切换。当开关在位置"0"上时，设备处于点动状态，同时信号灯发光常亮。当开关在位置"1"上时，设备处于自动状态，信号灯以 1 Hz 的频率闪烁。

（3）点动操作时的功能流程：按下发光按钮后，气缸的活塞杆可以缩进、伸出；相应的缸端位置分别由信号灯指示；同时按下伸出和缩进按钮，不对气缸起控制作用。

（4）自动操作时的功能流程：气缸的活塞杆必须处于前缸端位置，才能启动自动操作，同时由信号灯指示基本位置；按下自动按钮，自动操作启动；"循环开"信号灯在循环时间内是开着的，（基本位置）信号灯在循环时间内是关闭的。

（5）在设备开通的情况下，按下急停按钮，操作面板和信号灯柱亮灯，主阀和电磁阀断电，设备停止运行。急停复位时，设备需要重新启动。

四、知识准备

（一）PLC 盒子和 PLC 连接点

PLC 控制回路绘制

在电气原理图编辑环境中，有专门的 PLC 命令与工具栏来表达 PLC，如图 3 – 2 – 1 所示。

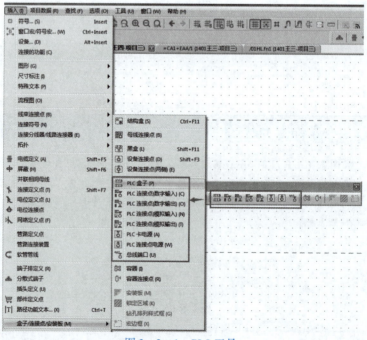

图 3 – 2 – 1　PLC 工具

1. 创建 PLC 盒子

选择菜单栏中的【插入】→【盒子/连接板/安装板】→【PLC 盒子】命令，或单击工具栏的中 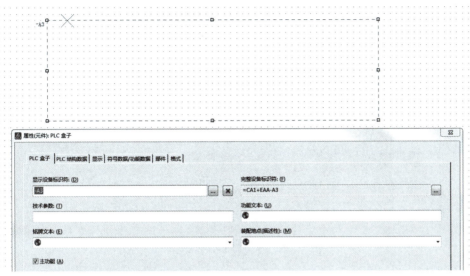 按钮绘制 PLC 盒子，勾选 "主功能" 复选框，如图 3-2-2 所示。此时光标变交叉形状并附带一个 PLC 盒子符号。

图 3-2-2　绘制 PLC 盒子

2. PLC 电源和 PLC 卡电源

在 PLC 设计中，为了避免传感器故障对 PLC 本体的影响，确保安全回路切断 PLC 输出端时 PLC 通信系统仍然能够正常工作，把 PLC 电源和通道电源分开供电。

1）放置 PLC 卡电源

为 PLC 卡供电的电源称为 PLC 卡电源。选择菜单栏中的【插入】→【盒子/连接板/安装板】→【PLC 卡电源】命令，或单击工具栏中的 按钮放置 PLC 卡电源，然后在弹出的 PLC 卡电源的属性对话框中设置连接点代号和功能定义，如图 3-2-3 所示。

图 3-2-3　放置 PLC 卡电源

2）放置 PLC 电源

为 PLC I/O 连接点供电的电源称为 PLC 电源。选择菜单栏中的【插入】→【盒子/连接板/安装板】→【PLC 电源】命令，或单击工具栏中的 ■ 按钮放置 PLC 电源，然后在弹出的 PLC 电源的属性对话框中设置连接点代号和功能定义，如图 3 – 2 – 4 所示。

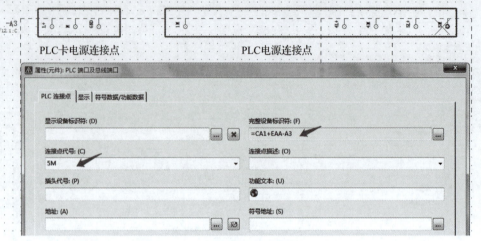

图 3 – 2 – 4　放置 PLC 连接点电源

3. PLC 连接点

在滑仓系统项目中需要 13 个数字输入点和 13 个数字输出点。选择菜单栏中的【插入】→【盒子/连接板/安装板】→【PLC 连接点（数字输入）】命令，或单击工具栏中的 ■ 按钮，可以放置 PLC 数字输入连接点，在弹出的图 3 – 2 – 5 所示的 PLC 连接点（数字输入）的属性对话框中可以对连接点代号、地址、功能文本等属性进行设置。

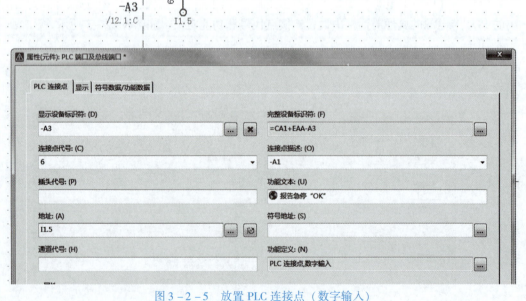

图 3 – 2 – 5　放置 PLC 连接点（数字输入）

PLC 连接点（数字输出）、PLC 连接点（模拟输入）、PLC 连接点（模拟输出）的放置方法与 PLC 连接点（数字输入）相同，这里不再赘述。

（二）"PLC"导航器

在 EPLAN 中有 3 种不同的 PLC 设计方式：基于地址点、基于板卡、基于通道。这 3 种设计方法的区别在于有的是调取符号，有的是调用宏。其差异在于，可以选择逐点放置，也可以自定义通道（有点类似将 PLC 点分组，一个组一个组地放置），或者将整个模块一下子放在页面上。本项目通过"PLC"导航器以基于地址点的 PLC 设计方式来设计 PLC 控制原理图。

选择菜单栏中的【项目数据】→【PLC】→【导航器】命令，打开"PLC"导航器，在选中的 PLC 盒子上单击鼠标右键，弹出图 3 – 2 – 6 所示的快捷菜单，选择【新功能】命令，在弹出的"生成功能"对话框（图 3 – 2 – 7）中，设置编号样式和功能定义，单击【确定】按钮后，就在"PLC"导航器中生成了图 3 – 2 – 8 所示的 13 个数字输入点。

添加 I/O 的连接点描述时，选中要编辑的 I/O 点，单击鼠标右键，选择【表格式编辑】命令，在弹出的"配置"表格界面的"连接点描述（全部）"列中填写描述信息，如图 3 – 2 – 9 所示。

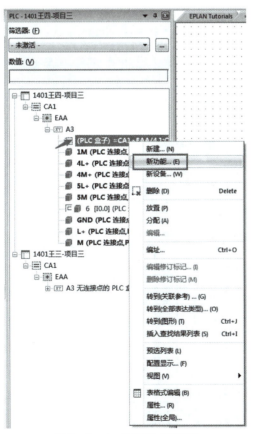

图 3 – 2 – 6　"PLC"导航器

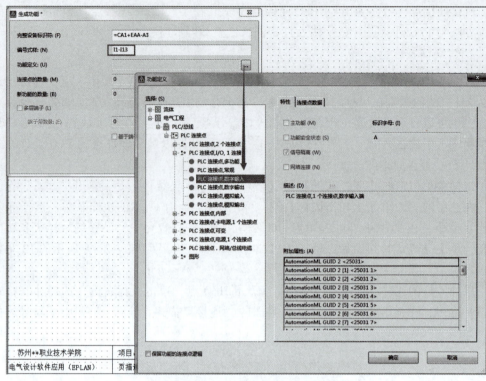

图 3 - 2 - 7 "生成功能" 对话框

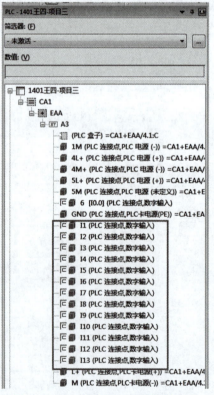

图 3 - 2 - 8 创建的 PLC 数字输入点

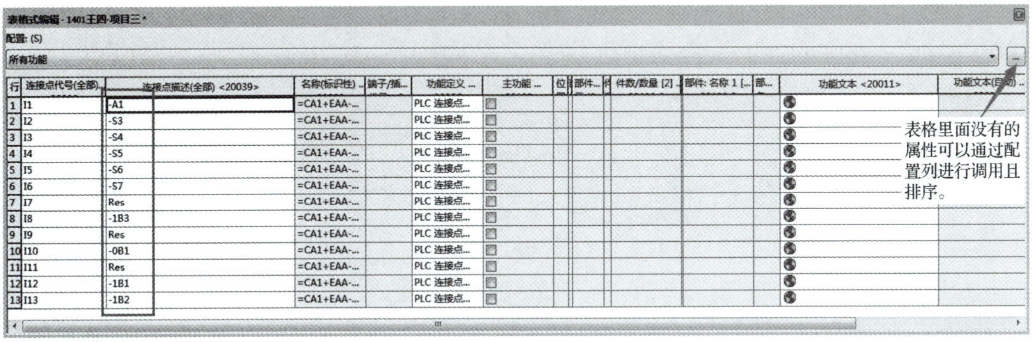

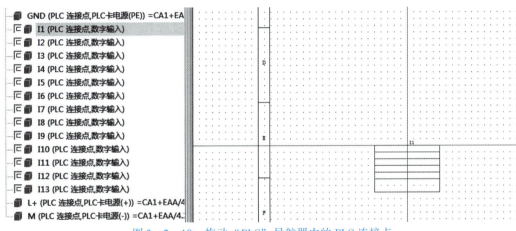

图 3-2-9 "连接点描述"列

设置完成后，将"PLC"导航器中的 PLC 连接点拖动到图纸页面上，直接完成 PLC 连接点的放置，如图 3-2-10 所示。若需要插入多个连接点，选择第一个连接点，同时按 Shift 键，再选择最后一个连接点，拖住最后一个连接点放入电气原理图。

图 3-2-10 拖动"PLC"导航器中的 PLC 连接点

如果要修改 I/O 连接点的符号，可以在将符号放置在电气原理图中之前，按 Backspace 键，在弹出的对话框中单击"各个功能"单选按钮，如图 3-2-11 所示。

图 3-2-11 修改 I/O 连接点的符号

单击【确定】按钮，然后按 Backspace 键，弹出"符号选择"对话框，选择"PLC 连接点，分散表示"符号，如图 3 - 2 - 12 所示。

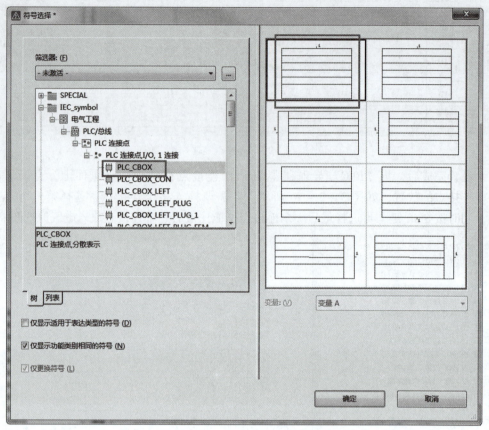

图 3 - 2 - 12　I/O 连接点符号选择

(三) PLC 编址

在项目设计之前，需要确定本项目的 PLC 编址规则。选择菜单栏中的【选型】→【设置】→【项目名称】→【设备】→【PLC】命令，打开"设置：PLC"对话框，在"PLC 相关设置"下拉列表选择 PLC 的一种设置，例如，选择"SIMATIC S7 (I/Q)"设置，如图 3 - 2 - 13 所示。

在"PLC"导航器中选中要编址的 PLC 连接点，选择菜单栏中的【项目数据】→【PLC】→【编址】命令，或在"PLC"导航器中选择"A3"分支，单击鼠标右键，在弹出的快捷菜单中选择【编址】命令，弹出图 3 - 2 - 14 所示的"重修确定 PLC 连接点地址"对话框，勾选"结果预览"复选框，单击"确定"按钮，显示图 3 - 2 - 15 所示的编址结果。

(四) 导入/导出地址/分配表

在"PLC"导航器中，选择"A3"分支，选择菜单栏中的【项目数据】→【PLC】→【地址/分配表】命令，打开"地址/分配列表"对话框，可以进行 PLC 地址赋值表的集中编辑和管理，修改 PLC 地址、数据类型、符号地址和功能文本等属性，如图 3 - 2 - 16 所示。

图 3 - 2 - 13 "设置：PLC"对话框

图 3 - 2 - 14 PLC 重新编址设置

确定 PLC-连接点地址:结果预览

行	设备标识符(标识性)	连接点代号(带插头...)	符号地址(自动)	功能文本(自动)	PLC 地址	新地址
1	=CA1+EAA-A3	I1				I0.0
2	=CA1+EAA-A3	I2				I0.1
3	=CA1+EAA-A3	I3				I0.2
4	=CA1+EAA-A3	I4				I0.3
5	=CA1+EAA-A3	I5				I0.4
6	=CA1+EAA-A3	I6				I0.5
7	=CA1+EAA-A3	I7				I0.6
8	=CA1+EAA-A3	I8				I0.7
9	=CA1+EAA-A3	I9				I1.0
10	=CA1+EAA-A3	I10				I1.1
11	=CA1+EAA-A3	I11				I1.2
12	=CA1+EAA-A3	I12				I1.3
13	=CA1+EAA-A3	I13				I1.4
14	=CA1+EAA-A3	O1				Q0.0
15	=CA1+EAA-A3	O2				Q0.1
16	=CA1+EAA-A3	O3				Q0.2
17	=CA1+EAA-A3	O4				Q0.3
18	=CA1+EAA-A3	O5				Q0.4
19	=CA1+EAA-A3	O6				Q0.5
20	=CA1+EAA-A3	O7				Q0.6
21	=CA1+EAA-A3	O8				Q0.7
22	=CA1+EAA-A3	O9				Q1.0
23	=CA1+EAA-A3	O10				Q1.1
24	=CA1+EAA-A3	O11				Q1.2
25	=CA1+EAA-A3	O12				Q1.3
26	=CA1+EAA-A3	O13				Q1.4

确定　　　取消

图 3 - 2 - 15　PLC 重新编址结果

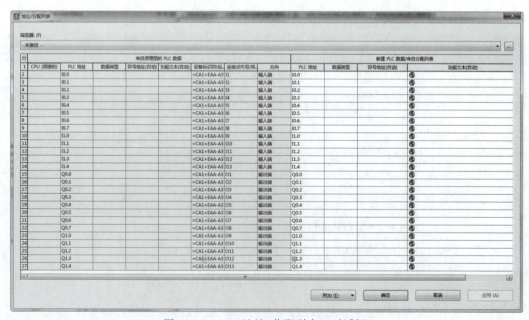

图 3 - 2 - 16　"地址/分配列表"对话框

选择【附加】→【导出分配列表】命令，弹出"导出分配列表"对话框，如图3-2-17所示，单击【确定】按钮，PLC赋值表被导出到"ZULI. txt"文件中，并保存到文档的默认路径中。用记事本打开"ZULI. txt"文件，可以在此修改PLC的功能文本，如图3-2-18所示。

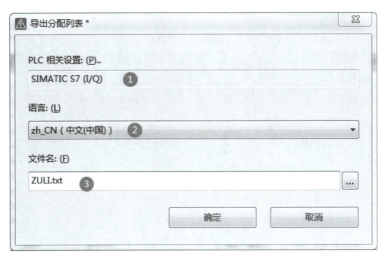

图3-2-17　"导出分配列表"对话框

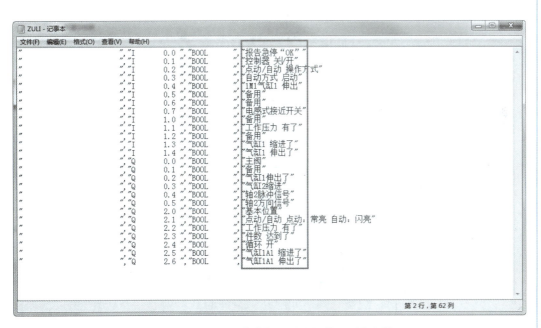

图3-2-18　用记事本打开导出的分配列表文件

在"地址/分配列表"对话框中选择【附加】→【导入分配列表】→【所显示的CPU】命令，弹出"导入/同步分配列表"对话框（图3-2-19），修改参数后，单击【确定】按钮，修改后赋值表"ZULI. txt"文件被导入PLC输入卡，如图3-2-20所示。

图 3 - 2 - 19 "导入/同步分配列表"对话框

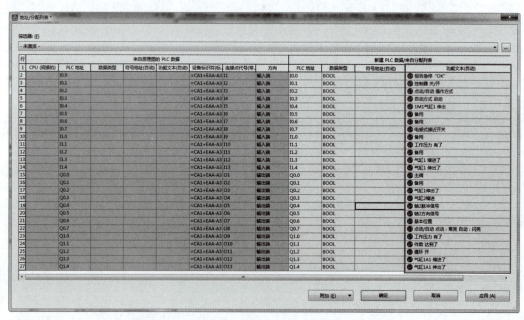

图 3 - 2 - 20 修改后的"地址/分配列表"对话框

(五) PLC 总览输出

在原理图页上单击鼠标右键，选择【新建】命令，弹出"新建页"对话框，在图纸中新建页，"页类型"选择"总览（交互式）"，如图 3 - 2 - 21 所示。建立总览图页，将"PLC"导航器中 PLC 连接点拖拽到图纸页面中，如图 3 - 2 - 22 所示。绘制的 PLC 总览以信息汇总的形式出现，不作为实际电气接点应用。

图 3 - 2 - 21　"新建页"对话框

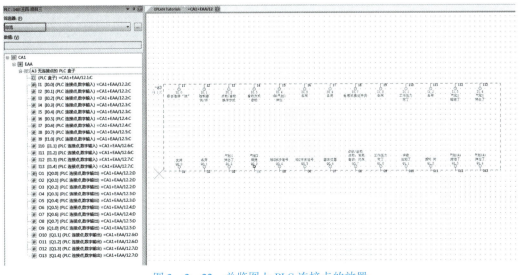

图 3 - 2 - 22　总览图上 PLC 连接点的放置

（六）PLC 系统的逆向设计

在 PLC 设计过程中，通常采用逆向设计的方法。首先，评估系统共有多少个控制点，其中哪些是输入点，哪些是输出点；其次，评估在控制点中哪些是数字点，哪些是模拟点，从而判断系统需要多少输入/输出块。因此，一般从 PLC 的总览设计开始。首先创建 PLC 总览图页，然后建立 PLC 原理图页，将 PLC 连接点放置在原理图上，PLC 输入点在 "PLC" 导航器中的图标也有变化，如图 3 - 2 - 23 所示。 表示输入点放置在总览图上； 表示输入点放置在原理图上。

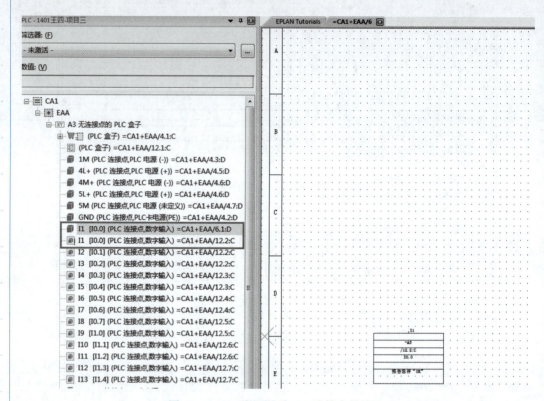

图 3 - 2 - 23 原理图上 PLC 连接点的放置

（七）元件实物和元件符号的对应关系

要绘制规范的电气图纸，应熟知元件实物、元件名称、元件标识符、元件符号的基础知识，下面介绍与本学习任务相关的元件基本知识，见表 3 - 2 - 1。

表 3 - 2 - 1　元件实物、元件标识符、元件符号的对应关系

序号	元件名称	元件实物	EPLAN 默认元件标识符	常用元件标识符	元件符号
1	S7 - 1200 PLC		A	A	PLC 盒子和 PLC 连接点

序号	元件名称	元件实物	EPLAN 默认元件标识符	常用元件标识符	元件符号
2	电感式接近开关		X	X	−1B3 电感式接近开关
3	接近开关分配器		X	X	−X20
4	Y 型一分二连接器				−X20
5	压力继电器				−0B1 P

五、任务实施

（1）根据客户委托要求，滑仓系统项目中需要一个 16 通道的数字输入模块和 16 通道的数字输出模块，采用基于地址点设计方式。图纸要求如下。

①在已有项目三下新建页（滑仓系统 PLC 控制原理图见附录）。

页名为"=CA1+EAA/2"，页描述为"滑仓系统供电回路"；

页名为"=CA1+EAA/3"，页描述为"滑仓系统安全回路"；

页名为"=CA1+EAA/4"，页描述为"滑仓系统 PLC 电源电路"；

页名为"=CA1+EAA/5"，页描述为"滑仓系统急停 PLC 输入电路"；

页名为"=CA1+EAA/6"，页描述为"滑仓系统开关按钮 PLC 输入电路"；

页名为"=CA1+EAA/7"，页描述为"滑仓系统传感器 PLC 输入电路"；

页名为"=CA1+EAA/8"，页描述为"滑仓系统气缸 PLC 输入电路"；

页名为"=CA1+EAA/9"，页描述为"滑仓系统主阀和气缸 PLC 输出电路"；

页名为"=CA1+EAA/10"，页描述为"滑仓系统指示灯 PLC 输出电路"；

页名为"=CA1+EAA/11"，页描述为"滑仓系统电缸驱动 PLC 输出电路"

页名为"=CA1+EAA/12"，页描述为"滑仓系统 PLC 总览"。

②在绘制的原理图页中选择"01HL"图框。

③新建图 3-2-24 所示的电感式接近开关符号并在图纸中使用。

设备标识符（显示）
关联参考（主动能或辅助功能）
技术参数 [2]
增补说明 [1]
功能文件
铭牌文件
装配地点（描述性）
块属性 [1]

连接点描述 [2] 连接点描述 [1] 连接点描述 [3]

图 3 – 2 – 24　电感式接近开关符号

（2）接近开关有两线制和三线制两种，两线制接近开关的棕色线接＿＿＿＿＿＿，蓝色线接＿＿＿＿＿＿。三线制接近开关又分为＿＿＿＿＿型和＿＿＿＿＿型，三线制接近开关的（红）棕色线接＿＿＿＿＿＿，蓝色线接＿＿＿＿＿＿，黄（黑）色线接＿＿＿＿＿＿。

（3）图 3 – 2 – 25 所示为 S7 – 1200 的 CPU 模块及数字量扩展模块，根据其工作原理与上述项目接线要求完成下列填空。

（a）

（b）

图 3 – 2 – 25　S7 – 1200 PLC 的 CPU 模块及数字量扩展模块

（a）S7 – 1200 PLC 的 CPU 模块；（b）S7 – 1200 PLC 的数字量扩展模块

①该 S7 - 1200 PLC 的 CPU 型号是＿＿＿＿＿＿＿，有＿＿＿＿个输入点，有＿＿＿＿个输出点；扩展模块的型号是＿＿＿＿＿＿＿，有＿＿＿＿个输入点，有＿＿＿＿输出点。

②图 3 - 2 - 24 中的 S7 - 1200 PLC 的 CPU 模块有 3 个指示灯，第一个指示灯表示＿＿＿＿，第二个指示灯表示＿＿＿＿，第三个指示灯表示＿＿＿＿。

③在 S7 - 1200 PLC 中，每种内部存储器和指令都用一定的字母表示，如 I 表示＿＿＿＿，Q 表示＿＿＿＿。

④在 CPU 1215C（DC/DC/DC）中，第一个 DC 表示＿＿＿＿，第二个 DC 表示＿＿＿＿，第三个 DC 表示＿＿＿＿。

⑤ PLC 采用的是不间断的＿＿＿＿工作方式，每个工作周期包括＿＿＿＿、＿＿＿＿、＿＿＿＿三个工作阶段。

六、检查与交付

（一）学习任务评价

按照表 3 - 2 - 2 进行自查，完成后交给教师评分，必要时做相关讲解或演示说明；进行目测检查，检查每个检查点是否有问题存在，记录检查结果，若无问题则交付验收。

表 3 - 2 - 2　学习任务 3.2 评价

评价类型	赋分	序号	检查点	分值	自评	组评	师评
职业能力	50	1	PLC 连接点建立正确	5			
		2	PLC 编址和属性设置正确	10			
		3	新建符号正确	5			
		4	插头导航器使用正确	5			
		5	端子排导航器使用正确	5			
		6	中断点配对正确	5			
		7	电子原理图整体美观大方，符号间距合理且一致	5			
		8	项目检查无错误	10			
职业素养	30	1	按时出勤	5			
		2	按时完成	5			
		3	按标准规范操作	5			
		4	互相协助，解决难点	5			
		5	工位保持干净整洁	5			
		6	持续改进优化	5			

评价类型	赋分	序号	检查点	分值	自评	组评	师评
素养评价	20	1	搜索"素养小贴士"相关素材	10			
		2	谈一谈对"工欲善其事,必先利其器"的看法	10			
评价系数				1	0.2	0.2	0.6
总分				100			

(二) 成果分享和总结

将成果向同学展示,总结工作中的收获、遇到的问题和改进措施。

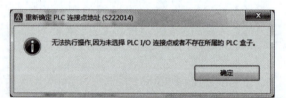

七、思考与提高

如果弹出图 3 – 2 – 26 所示的 PLC 无法编址提示对话框,应该如何解决问题?

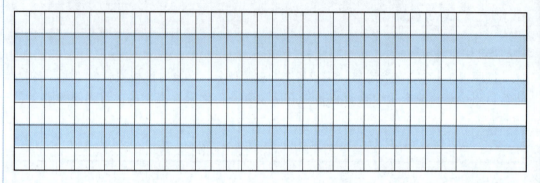

图 3 – 2 – 26　PLC 无法编址提示对话框

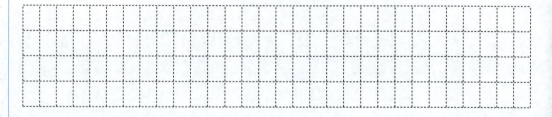

学习笔记

姓名＿＿＿＿＿　班级＿＿＿＿＿　学号＿＿＿＿＿　组号＿＿＿＿＿

学习任务3.3　生成项目报表

一、任务目标

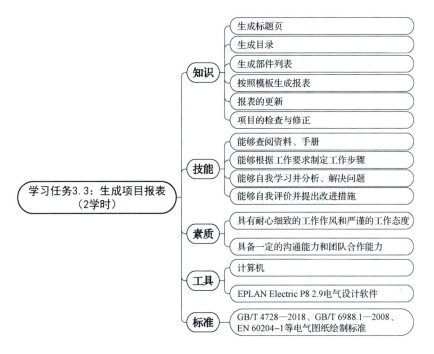

学习任务3.3：生成项目报表（2学时）

知识
- 生成标题页
- 生成目录
- 生成部件列表
- 按照模板生成报表
- 报表的更新
- 项目的检查与修正

技能
- 能够查阅资料、手册
- 能够根据工作要求制定工作步骤
- 能够自我学习并分析、解决问题
- 能够自我评价并提出改进措施

素质
- 具有耐心细致的工作作风和严谨的工作态度
- 具备一定的沟通能力和团队合作能力

工具
- 计算机
- EPLAN Electric P8 2.9电气设计软件

标准
- GB/T 4728—2018、GB/T 6988.1—2008、EN 60204-1等电气图纸绘制标准

二、素养小贴士

深化求真务实、服务大局的思想认识

　　EPLAN 具有强大的报表功能，当电气原理图设计完成并检测后，可以方便地创建各种电气原理图报表文件。借助报表，用户可以从不同的角度，更好地掌握整个项目的有关设计信息。

　　素质拓展：

三、任务描述

根据客户委托要求，通过学习"报表格式设置""报表输出"学习表格的设计方法，生成滑仓系统项目的各类报表，具体要求如下。

（1）完成电气原理图设计后，需要对电气原理图进行必要的查错和修正等后续操作。

（2）生成标题页、目录、部件列表、端子报表等报表文件。

（3）通过"中断点"导航器对中断点进行排序，合理配对。

四、知识准备

中断点排序

（一）中断点的排序

成对的中断点是由源中断点和目标中断点组成的，输入相同设备标识符名称的中断点自动实现关联参考。中断点的关联参考分为以下两种。

（1）星形关联参考：如图 3 - 3 - 1 所示，在中断点属性设置对话框中勾选"星型源"复选框，则该中断点为星形中断点源。

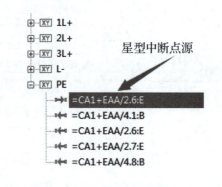

图 3 - 3 - 1　星型中断点源

（2）连续性关联参考：在连续性关联参考中，始终是第一个中断点提示第二个，第三个提示第四个，提示始终从页到页进行。

选择菜单栏中的【项目数据】→【连接】→【中断点导航器】命令，打开"中断点"导航器，如图 3 - 3 - 2 所示，在树形结构中显示所有项目下的中断点。选择中断点，单击鼠标右键，在弹出的快捷菜单中选择【中断点排序】命令，弹出"中断点排序"对话框，如图 3 - 3 - 3 所示，通过对话框中的 ↓ ↥ 按钮，对中断点的关联顺序进行修改，也可以如图 3 - 3 - 4 所示修改中断点的序号对中断点进行排序。

（二）报表设置

报表是将项目数据以一种图形表格的方式输出而生成的一类项目图纸页。电气项目图纸需要将电气原理图转换成指导项目施工的各类图纸。例如，材料清单是项目采购的依据，端子图表和设备接线表是现场施工接线的指导。报表可以是一种文件，用于将项目数据导出到外部的文件，供第三方使用。

报表的
设置和生成

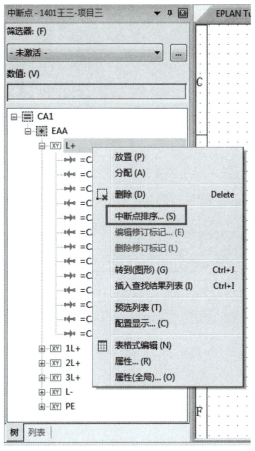

图 3 – 3 – 2 "中断点"导航器

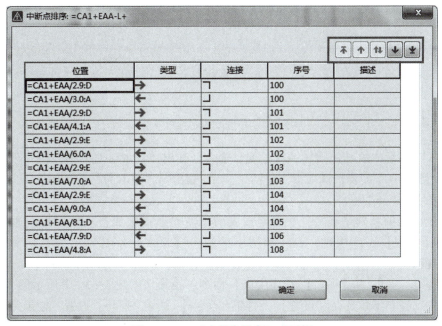

图 3 – 3 – 3 "中断点排序"对话框

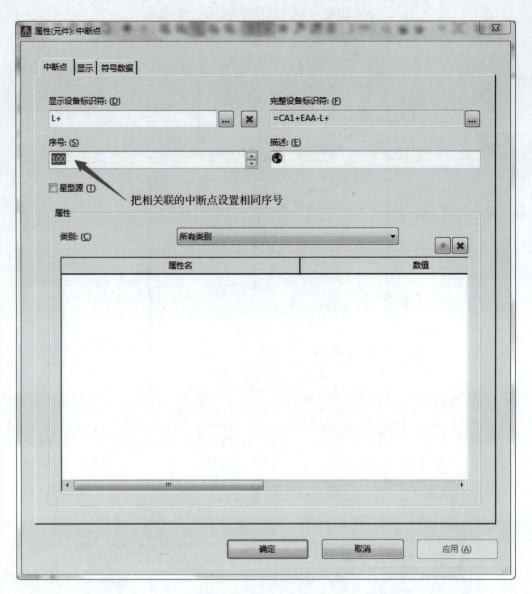

把相关联的中断点设置相同序号

图 3 - 3 - 4　修改中断点的序号

选择菜单栏中的【选项】→【设置】命令，弹出"设置"对话框，在【项目】→【示例项目】→【报表】选项中，包括"显示/输出""输出为页""部件"3 个选项卡，如图 3 - 3 - 5 所示。

生成报表的基础是表格，在生成报表前，需要选择生成报表的模板，通过【选项】→【设置】→【项目】→【示例项目】→【报表】→【输出为页】命令，进入报表生成界面，确定各报表的默认模板表格，具体内容如图 3 - 3 - 6 所示。

选择【工具】→【报表】→【生成】命令，在弹出的图 3 - 3 - 7 所示的"报表"对话框中，在右下角选择【设置】→【输出为页】命令，打开"设置：输出为页"对话框，同样可以确定默认报表的表格模板，具体如图 3 - 3 - 8 所示。

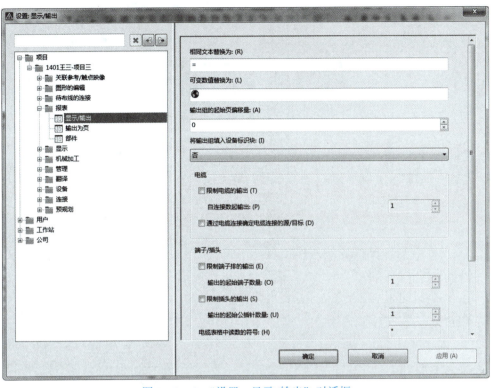

图 3 - 3 - 5 "设置：显示/输出"对话框

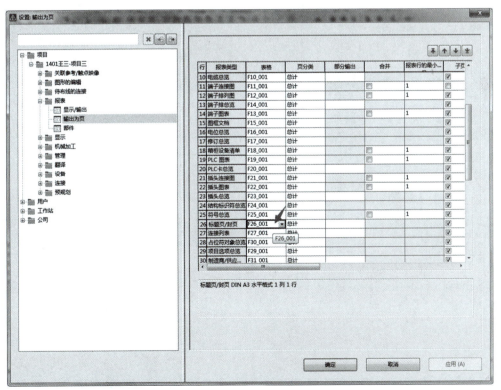

图 3 - 3 - 6 "设置：输出为页"对话框

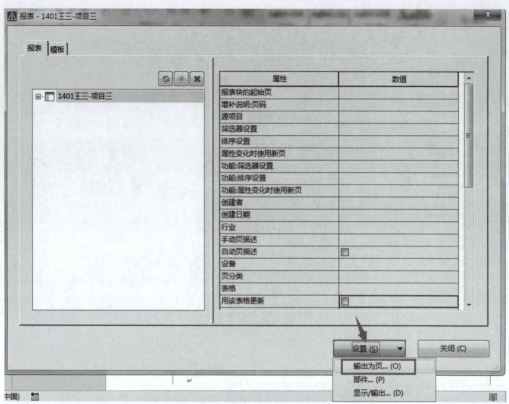

图 3 - 3 - 7 "报表"对话框

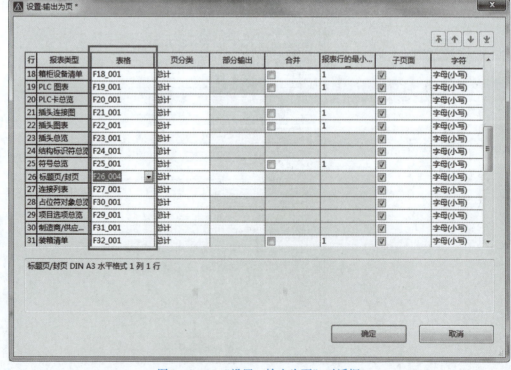

图 3 - 3 - 8 "设置：输出为页"对话框

(三)报表生成

选择菜单栏中的【工具】→【报表】→【生成】命令,打开"报表-示例项目"对话框(这里为"报表-1401王三-项目三"对话框),在该对话框中有"报表"和"模板"两个选项卡,右侧的属性窗口中用来对报表的属性值进行修改,具体内容如图3-3-9所示。

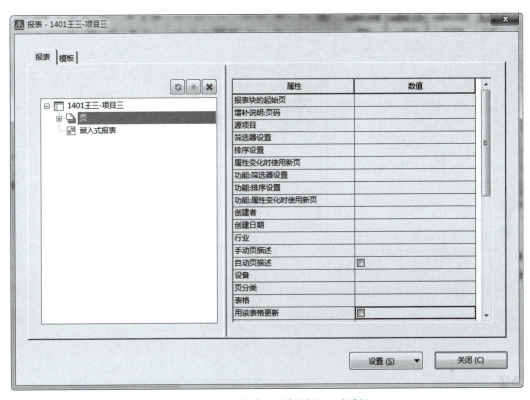

图3-3-9 "报表-示例项目"对话框

"报表"选项卡是用来手动生成报表的,在没有生成报表之前显示为空。在生成报表后,显示所生成报表的总览。其中"页"文件夹中包含了以页形式输出的报表,"嵌入式报表"文件夹中包含了手动放置的嵌入式报表。

在"报表"选项卡中单击【新建】按钮,打开"确定报表"对话框,如图3-3-10所示,在"输出形式"下拉列表选择"页"选项,选择报表种类"部件列表",然后单击【确定】按钮,弹出"设置-部件列表"对话框,如图3-3-11所示,系统提供筛选器和排序的默认配置,单击【确定】按钮,打开"部件列表(总计)"对话框,如图3-3-12所示,输入新建报表的高层代号、位置代号、页名和页描述,单击【确定】按钮,即可生成报表。

在"模板"选项卡中,可以根据报表生成的类型、生成途径、结构标识等属性来预生成报表,然后通过上方"生成报表"的命令按钮统一输出,不需要逐一生成。与报表的手动生成相比,通过集中生成报表可以更便捷高效地管理报表,具体如图3-3-13所示。

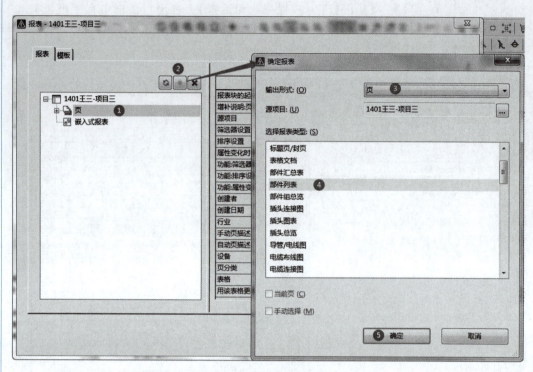

图 3 – 3 – 10 "确定报表" 对话框

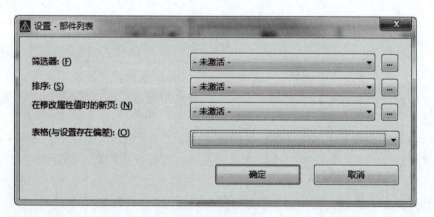

图 3 – 3 – 11 "设置 – 部件列表" 对话框

学习笔记

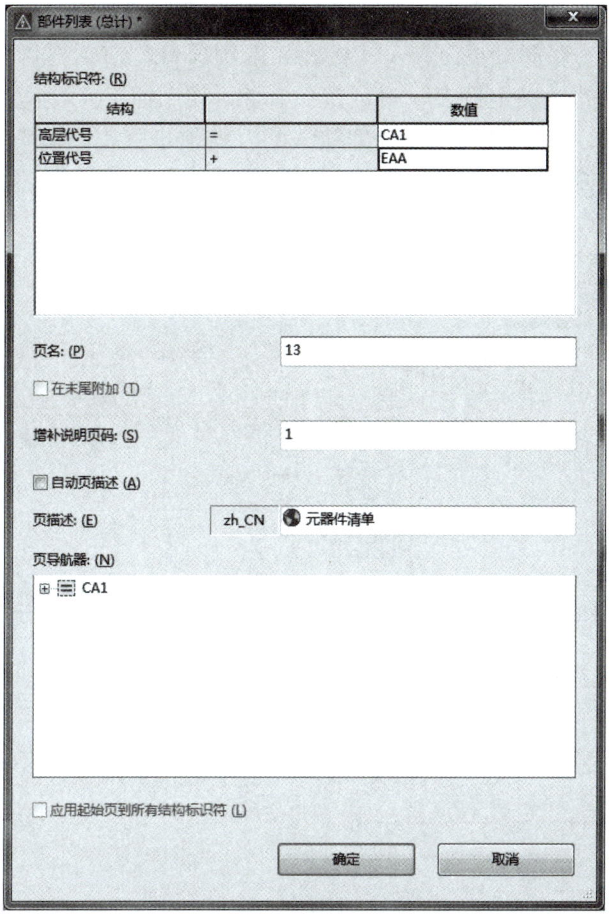

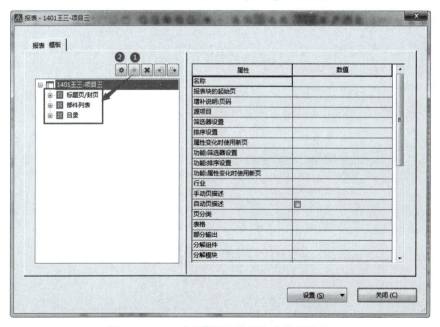

图 3-3-12 “部件列表（总计）”对话框

图 3-3-13 在“模板”选项卡中生成报表

嵌入式报表只有在"报表"选项卡中才可以生成,因其嵌入某一页,所以需要在图形编辑区先打开一张图纸页,进入"报表–示例项目"对话框后,在"报表"选项卡中新建,在弹出的"确定报表"对话框中,将"输出形式"改为"手动放置",下方的"当前页"和"手动选择"复选框被激活,其他步骤按照输出页的方式选择,确定后在鼠标上会有报表表格吸附,在打开的图纸页中选择合适的位置放置即可,具体如图 3–3–14 所示。

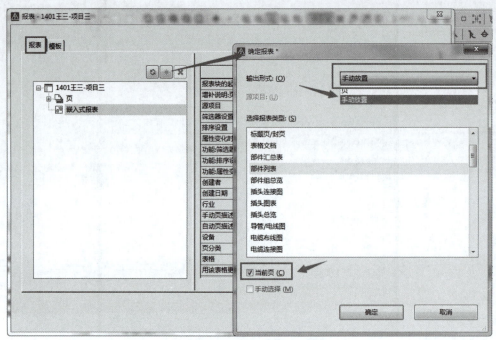

图 3–3–14　生成嵌入式报表

(四)报表的更新

完成报表模板文件的设置后,可直接生成目的报表文件,也可以对报表文件进行其他操作,包括报表的更新等。

当电气原理图出现更改时,需要对已经生成的报表进行及时更新。如图 3–3–15 所示,选择菜单栏中的【工具】→【报表】→【更新】命令,可以自动更新报表文件。

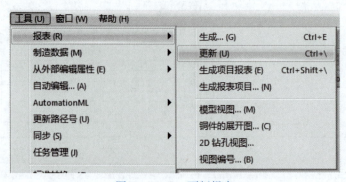

图 3–3–15　更新报表

（五）生成项目报表

选择菜单栏中的【工具】→【报表】→【生成项目报表】命令，可以自动生成所有报表模板文件。

（六）修正检查消息文本

EPLAN 的项目检查功能是其一个重要的组成部分，消息管理界面中可以显示错消息文本，例如缺少插头定义、连接点代号重复、设备无主功能、关联参考的中断点处的箭头互不相配等，这样就可以避免一些错误遗留到出图阶段。

具体操作步骤如下。

（1）打开消息管理界面，选择【项目数据】→【消息】→【管理】命令，快捷键是"Ctrl + Shift + E"。

（2）执行项目检查。选中要执行项目检查的部分，可以是单页的多线原理图，也可以是多页或者整个项目，然后选择【项目数据】→【消息】→【执行项目检查】命令，检查完成后看到结果，如图 3 - 3 - 16 所示。可以明显看到有 3 种消息，即蓝色的提示、黄色的警告和红色的错误，其严重性依次提升。消息文本中有对该问题的简单解释。双击该行消息，鼠标会自动跳转至问题处。

行	类别	号码	页	布局空间	设备标识符	消息文本	完成	生成自
20	错误	007005	=CA1+EAA/4		=CA1+EAA-X12:A4	设备无主功能		de.eplan
21	错误	007005	=CA1+EAA/4		=CA1+EAA-X12:A5	设备无主功能		de.eplan
22	错误	007005	=CA1+EAA/4		=CA1+EAA-X12:A6	设备无主功能		de.eplan
23	错误	007006	=CA1+EAA/2		=CA1+EAA-PE	功能无连接点代号		de.eplan
24	错误	007006	=CA1+EAA/2		=CA1+EAA-X	功能无连接点代号		de.eplan
25	错误	007006	=CA1+EAA/3		=CA1+EAA-A1	功能无连接点代号		de.eplan
26	错误	007006	=CA1+EAA/4		=CA1+EAA-A2	功能无连接点代号		de.eplan
27	错误	007006	=CA1+EAA/5		=CA1+M-M1	功能无连接点代号		de.eplan
28	错误	007006	=CA1+EAA/5		=CA1+M-M1	功能无连接点代号		de.eplan
29	错误	011005	=CA1+EAA/2		=CA1+EAA-PE	关联参考的中断点处的箭头互不相配		de.eplan
30	错误	017005	=CA1+EAA/2		=CA1+EAA-QF4	设备标识符多次出现过多主功能		de.eplan

图 3 - 3 - 16 "消息管理"对话框

如果还是不清楚问题出在哪儿，可以在网页版的 EPLAN 帮助系统（图 3 - 3 - 17）中复制消息代码，在搜索栏中查找，即可看到详细的解释和解决方法，如图 3 - 3 - 18 所示。

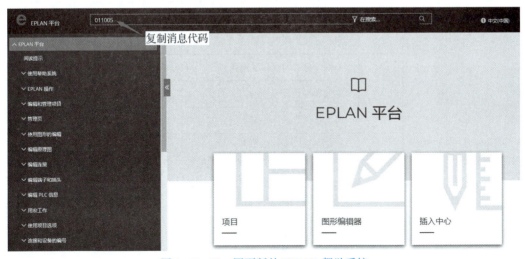

图 3 - 3 - 17　网页版的 EPLAN 帮助系统

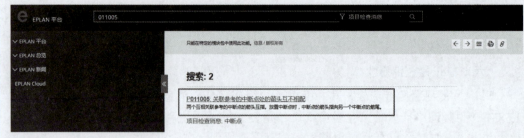

图 3 – 3 – 18　消息代码解释

五、任务实施

（1）根据客户委托要求，在已有项目三下生成滑仓系统的项目报表的具体要求如下。

页名为 "=00+S/1"，页描述为 "滑仓系统的封面"；

页名为 "=00+S/2"，页描述为 "滑仓系统的目录"；

页名为 "=CA1+EAA/13"，页描述为 "元器件清单"。

（2）执行项目检查，对出现的错误进行修正，特别注意中断点的配对、端子排和插针设备标识符的命名。

六、检查与交付

（一）学习任务评价

按照表 3 – 3 – 1 进行自查，完成后交给教师评分，必要时做相关讲解或演示说明；进行目测检查，检查每个检查点是否有问题存在，记录检查结果，若无问题则交付验收。

表 3 – 3 – 1　学习任务 3.3 评价

评价类型	赋分	序号	检查点	分值	自评	组评	师评
职业能力	50	1	PLC 连接点建立正确	5			
		2	PLC 编址和属性设置正确	10			
		3	新建符号正确	5			
		4	插头导航器使用正确	5			
		5	端子排导航器使用正确	5			
		6	中断点配对正确	5			
		7	电气原理图整体美观大方，元件符号间距合理且一致	5			
		8	项目检查无错误	10			

评价类型	赋分	序号	检查点	分值	自评	组评	师评
职业素养	30	1	按时出勤	5			
		2	按时完成	5			
		3	按标准规范操作	5			
		4	互相协助，解决难点	5			
		5	工位保持干净整洁	5			
		6	持续改进优化	5			
素养评价	20	1	搜索"素养小贴士"相关素材	10			
		2	谈一谈对"求真务实、服务大局"的看法	10			
评价系数				1	0.2	0.2	0.6
总分				100			

（二）成果分享和总结

将成果向同学展示，总结工作中的收获、遇到的问题和改进措施。

七、思考与提高

利用 EPLAN 在线帮助系统查阅图 3-3-19 所示错误代码是"005028"的项目检查错误消息的原因和解决方法。

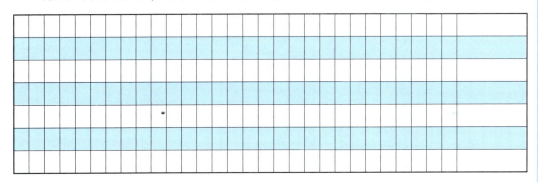

图 3-3-19　错误代码示意

项目四 基于部件的混料罐控制回路设计

项目说明

　　某设备有限公司应客户委托，准备设计装调一台混料罐电气控制系统（图4-0-1），用于化工行业，将不同液体混合。由于该操作多涉及易燃易爆、有毒有腐蚀性的介质，故不适合人工现场操作。现在需要根据客户委托要求绘制混料罐电气控制系统原理图，并向客户交付资料。

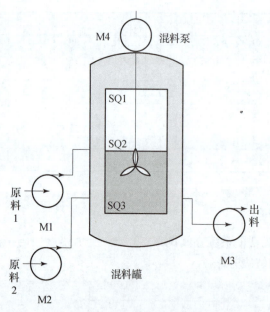

图4-0-1　混料罐电气控制系统

　　客户委托要求如下。

　　（1）新建的项目要求有封面，封面显示内容包括"项目描述""项目编号""公司名称""项目负责人""客户：简称""安装地点""设备照片"等信息。

　　（2）本项目要求使用特定图框，图框显示内容包括"项目描述""项目编号""公司名称""项目负责人""客户：简称""安装地点""高层代号""位置代号""总页数""页数"等信息。

（3）混料罐电气控制系统由以下控制回路组成。

①送料泵1由电动机M1驱动，M1为双速电动机，即可以低速运行，也可以高速运行，需要考虑过载保护；低速的热继电器整定电流为0.3 A，高速的热继电器整定电流为0.4 A。

②送料泵2由电动机M2驱动，M2为三相异步电动机，由变频器调速，加速时间为1.2 s，减速时间为0.5 s。

③出料阀由电动机M3驱动，M3为步进电动机，正转为打开出料阀，反转为关闭出料阀。

④混料泵由电动机M4驱动，M4为三相异步电动机，既可以正转，也可以反转，不需要考虑过载保护。

⑤混料罐中的液位由伺服电动机M5通过丝杠带动滑块模拟。

（4）混料罐的工作流程如下。

①工序1：当罐中液位在设置总容量的50%以下时电动机M1高速运行，将液体1泵入混料罐；电动机M2以30 L/s的速度将液体2泵入混料罐，在此过程中，如果液体1和液体2已经加注完成则两台电动机停止运行。

②工序2：当罐中液位到达设置总容量的80%时，电动机M1、M2均停止，等待15 s后如果液体1和液体2没有加注完成，则电动机M1和电动机M2分别以低速运行，将液体泵入混料罐。

③工序3：完成液体1和液体2的加注后，混料泵电动机M4以"正转4 s—停转2 s—反转4 s—停转2 s"为一个周期循环运行，开始搅拌，循环4个周期后电动机M4停止。

④工序4：按下放料按钮，电动机M3开始放料，罐中溶液全部放空后，步进电动机反转，驱动放料阀关闭，完成整个生产过程，指示灯恢复闪亮。

  知识图谱

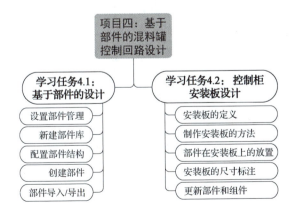

姓名_____　　班级_____　　学号_____　　组号_____

学习任务4.1　基于部件的设计

一、任务目标

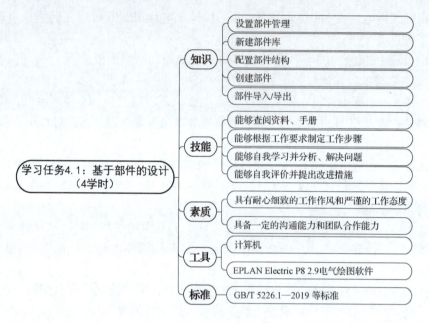

二、素养小贴士

树立系统思维，坚持系统观念

部件是厂商提供的电气设备的数据集合。元件只是电路设计中的一个符号，必须经过选型添加部件后才能成为设备，设备既有图形表达，又有数据信息。在进行设计时要有大局意识，要考虑到元件后续的选型问题。

素质拓展：

三、任务描述

（1）新建的项目要求有封面，封面显示内容包括"项目描述""项目编号""公司名称""项目负责人""客户：简称""安装地点""设备照片"等信息。

（2）图框的幅面选择 A3 横向尺寸，划分为 6 行、10 列，图框标题栏中需要显示"项目描述""项目编号""公司名称""项目负责人""客户：简称""安装地点""创建日期和时间""高层代号""位置代号""总页数""页数"等信息。

（3）按照混料罐电气控制系统的功能要求，完成主要元件选型，创建部件。

（4）基于部件设计控制系统主电路、控制电路（含双速电动机、步进电动机、变频器）、PLC 控制电路。

（5）由报表生成混料灌元件清单。

四、知识准备

（一）"部件主数据"导航器

电气设计师在绘制电气图纸时，不仅需要在电气原理图上放置符号，还需要对此符号进行部件选型。所有有关设备的信息，包括技术参数、技术特性、商务数据、外形尺寸和设备的功能定义，以及所用符号和窗口宏都存储在"部件管理"中。

选择菜单栏中的【工具】→【部件】→【部件主数据导航器】命令，在工作窗口左侧会自动弹出"部件主数据"导航器，如图 4-1-1 所示。该导航器中的数据与元件属性"部件选择"对话框中的部件数据相同。在"字段筛选器"下拉列表中选择标准的部件库，如图 4-1-2 所示，单击"字段筛选器"下拉列表右侧的 ... 按钮，系统弹出图 4-1-3 所示的"筛选器"对话框，可以看到此时系统已经装入的标准部件库。

图 4-1-1 "部件主数据"导航器

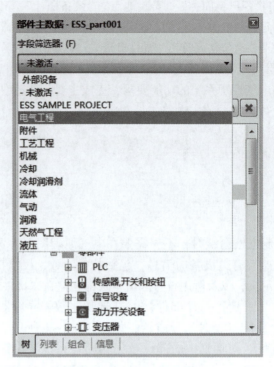

图 4 - 1 - 2   选择标准的部件库

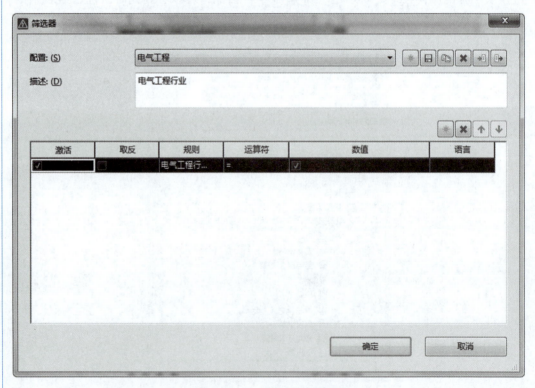

图 4 - 1 - 3   "筛选器"对话框

在"筛选器"对话框中，■ 按钮用来新建标准部件库，■ 按钮用来保存新建的标准部件库，■ 按钮用来粘贴新建的标准部件库，■ 按钮用来删除标准部件库，■ 和 ■ 按钮用来导入、导出标准部件库。

（二）部件管理

通过【工具】→【部件】→【管理】命令打开"部件管理"主界面，如图 4 – 1 – 4 所示。"部件管理"主界面分为 3 个区域，左侧上部为数据查找、筛选区，左侧下部是部件总览区，右侧为数据区。

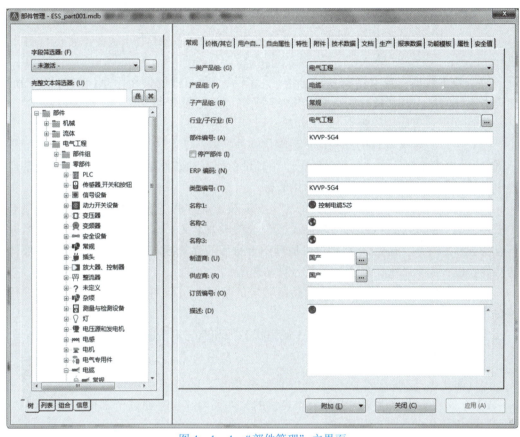

图 4 – 1 – 4 "部件管理"主界面

（1）部件总览区按专业分类定义部件，包含"机械""流体"和"电气工程"类，含有部件生产商和供应商信息，也有为 3D 钻孔和布线提供的钻孔排列样式和连接点排列样式以及附件管理信息。

（2）在数据查找、筛选区可以自定义筛选规则和支持全文本快速查找功能。

（3）数据区显示的数据与在左侧所选择的部件对应，数据区本身也分为若干选项卡来描述部件的不同功能信息。数据区下面的"附加"下拉列表含有新建数据库、部件导入/导出、翻译及模板处理功能。

下面重点描述"部件管理"主界面数据区内各选项卡的含义。

（1）常规：包含部件的一般信息，如部件编号、ERP 编码、产品组及行业等。这里的大部分字段是纯输入的字段。如果在"制造商"和"供应商"组内已经建立好信息，则可以单击选择制造商和供应商。

（2）价格/其它：包含部件采购和认证信息，如数量单位、包装、价格以及与产品相关的认证信息。

（3）自由属性：可以建立 1 000 个自由创建使用的属性，每个属性包含描述、数值和单位。

（4）特性：允许在数值中保存正常部件管理中没有的附加信息，可以创建 100 个特性，每个数值字段最大不超过 200 个字符。

（5）安装数据：提供了部件的外形数据，如长度、宽度和高度，产品的图片文件和图形宏，部件的安装装配数据等。

（6）附件：可以在此建立附件管理与主部件相对应，附件可以在正常的部件下建立。

（7）技术数据：定义了部件的分类、标识字母和部件的使用信息，如使用寿命、到货周期等信息。特别重要的是宏，其保存了部件的图形符号。

（8）文档：可以定义保存 20 个外部文档。

（9）生产：定义部件的钻孔加工数据信息。

（10）报表数据：在此定义的数据，结合设备列表和条件报表共同使用。在设备列表中按指定要求显示复杂部件的图形化信息。

（11）功能模板：这是部件的核心定义，反映了部件的逻辑信息。"常规"选项卡中描述了这个部件"是什么"，"功能模板"选项卡中定义了这个部件"是什么"。当进行设备选择的时候，EPLAN 比较电气原理图上符号的功能模板与"部件管理"中部件的功能模板，如果匹配，就会为此符号自动选型。

（12）属性：此选项卡中显示产品组特定的特性，可以对产品组选择的部件进行编辑。

（13）安全值：定义一个设备的"使用状态"和与之对应的一个固有安全值集。

（三）新建部件库

部件库是 EPLAN 用于保存部件信息的数据库。部件库默认保存在"主数据"文件夹中部件文件夹下公司名称的文件夹内。也可通过"部件管理"指定用户的部件库位置。

新建部件库

在"部件管理"主界面中单击【附加】按钮，弹出快捷菜单，如图 4 - 1 - 5 所示，选择【设置】命令，弹出"设置：部件（用户）"对话框，如图 4 - 1 - 6 所示。

在"Access"框中显示默认部件库为"ESS_part001. mdb"，单击 ⊛ 按钮，弹出"生成新建数据库"对话框，如图 4 - 1 - 7 所示，输入新的部件库名称"New_part001. mdb"，单击【打开】按钮，创建新的部件库。

返回图 4 - 1 - 8 所示的"设置：部件（用户）"对话框，单击 ⋯ 按钮，弹出"选择部件数据库"对话框，如图 4 - 1 - 9 所示，设置部件库路径，如图 4 - 1 - 10 所示。单击"确定"按钮，进入新建的部件库界面，如图 4 - 1 - 11 所示，部件库中没有部件，用户可以自定义新建或导入部件。

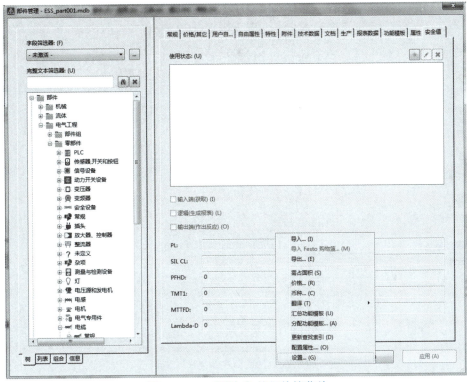

图 4 – 1 – 5 【附加】按钮快捷菜单

图 4 – 1 – 6 "设置：部件（用户）"对话框 1

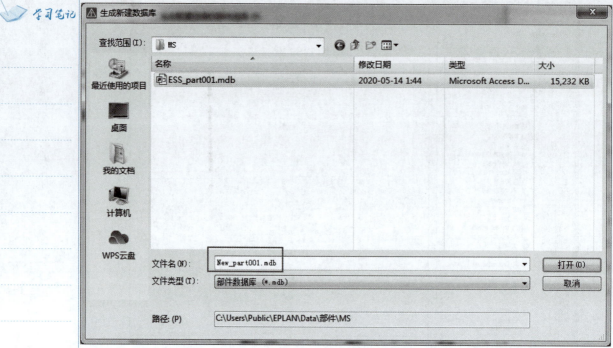

图 4 - 1 - 7 "生成新建数据库"对话框

图 4 - 1 - 8 "设置：部件（用户）"对话框 2

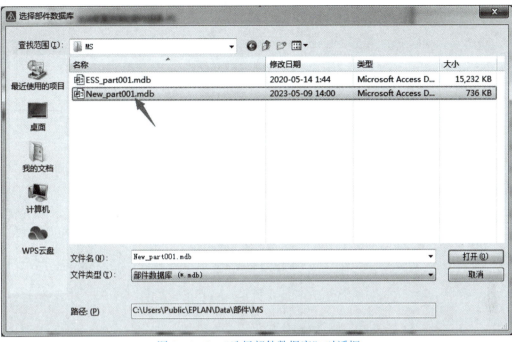

图 4 - 1 - 9 "选择部件数据库" 对话框

图 4 - 1 - 10 设置部件库路径

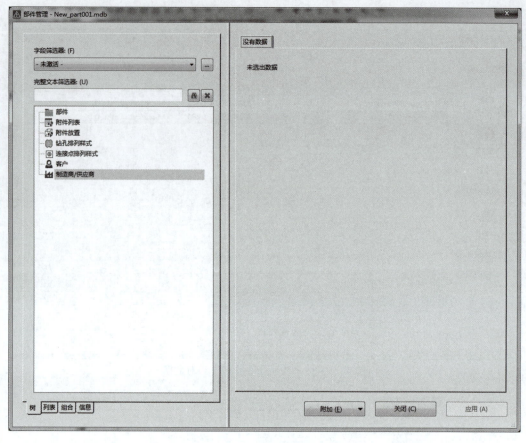

图 4 - 1 - 11　新建的部件库界面

（四）创建部件

在设计过程中，发现在"部件管理"中没有想要使用部件的任何信息时，最简单的方法就是手动创建。从生成材料表的角度来看，创建一个部件时，需要 5~6 个字段（包括"部件编号""部件类型""名称 1""名称 2""生产商""宽度"和"高度"等字段）就能非常清晰地描述这个部件。部件编号是部件管理的重要字段，它是部件的主要标识。

创建部件

在设计过程中，如果在电气原理图上绘制各种符号时没有进行部件选型，就要根据需要创建部件并选型。如果在图纸上画完分散元件的符号后再进行创建，则可以一次性把主功能元件和分散元件都创建在部件中。

选择【工具】→【部件】→【管理】命令，进入"部件管理"主界面（图 4 - 1 - 12），用鼠标右键单击"部件"分支，弹出快捷菜单，选择【新建】→【零部件】命令，在"零部件"分支下出现"未定义"组的"新建（1）"部件，如图 4 - 1 - 13 所示。

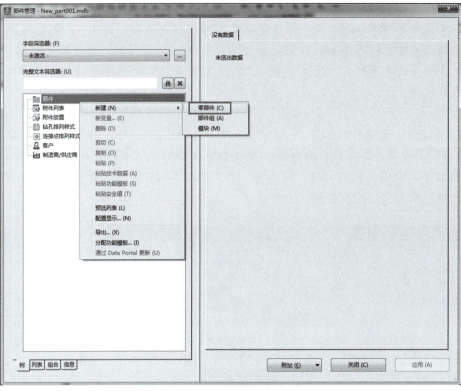

图 4 - 1 - 12 "部件管理"主界面

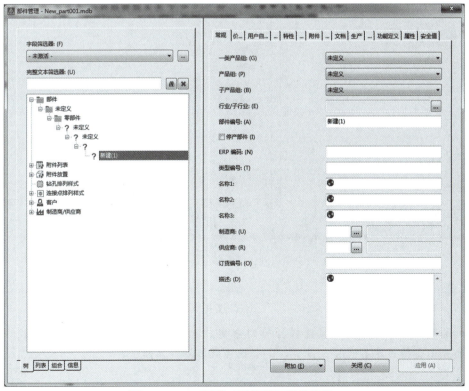

图 4 - 1 - 13 创建"零部件"下的部件 1

在"常规"选项卡中，在"一类产品组"下拉列表中选择"电气工程"选项，在"产品组"下拉列表中选择"继电器，接触器"选项，在"子产品组"下拉列表中选择"接触器"选项，如图 4 – 1 – 14 所示，在右侧的参数界面输入所要建立的零部件的参数，然后单击【应用】按钮。

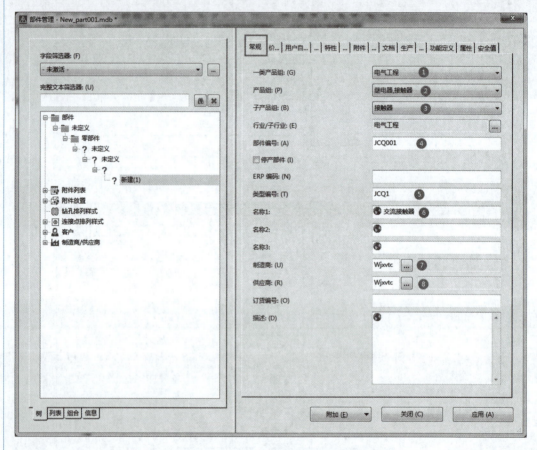

图 4 – 1 – 14　创建"零部件"下的部件 2

在"功能模板"选项卡中，单击按钮，弹出"功能定义"对话框，如图 4 – 1 – 15

所示，在对话框左侧列表中选择"电气工程"→"线圈，常规"选项，然后单击【确定】按钮，返回"部件管理"主界面。如图4-1-16所示，修改线圈的参数。同理，新建接触器的主触点和辅助触点的功能定义，并修改参数，新建结果如图4-1-17所示。在"安装数据"选项卡中，如图4-1-18所示，修改接触器的安装数据。

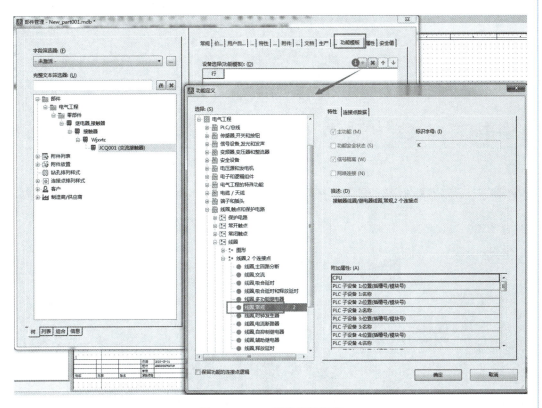

图4-1-15 新建功能定义

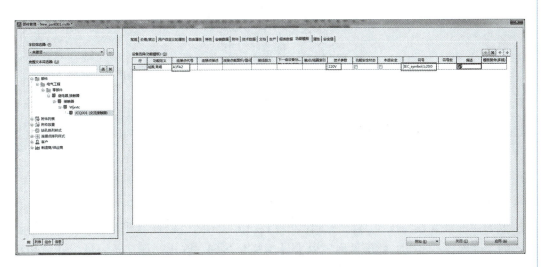

图4-1-16 修改"功能模板"选项卡（线圈的参数）

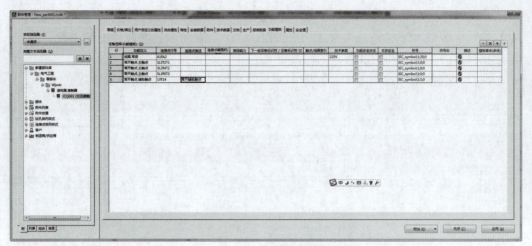

图 4 – 1 – 17　添加接触器的功能定义

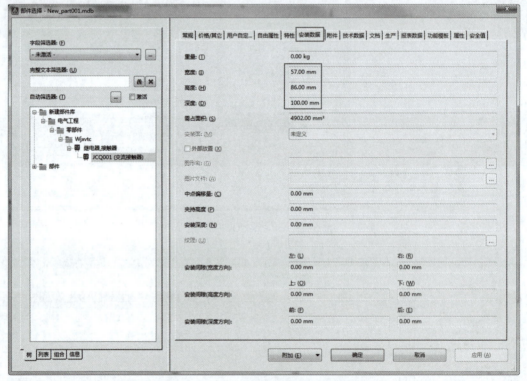

图 4 – 1 – 18　修改接触器的安装数据

(五) 部件导入/导出

选择菜单栏中的【工具】→【部件】→【管理】命令，或单击"项目编辑"工具栏中的"部件管理"按钮 ，弹出图 4 – 1 – 19 所示的"部件管理"主界面，打开新建的部件库，显示空白的部件库，单击【附加】按钮，弹出快捷菜单，可以在该快捷菜单中对新部件库的数据进行编辑。

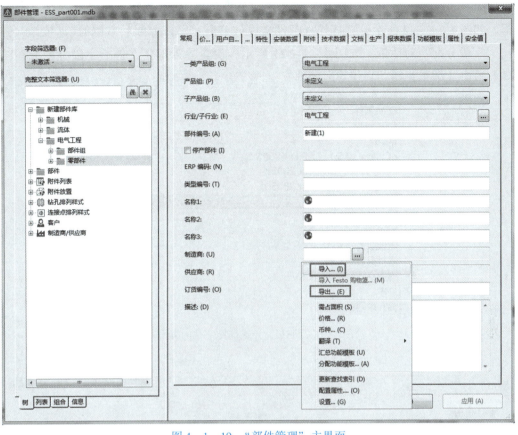

图 4 - 1 - 19 "部件管理" 主界面

1. 导入部件

选择【导入】命令，弹出"导入数据集"对话框，如 4 - 1 - 20 所示；在"文件类型"下拉列表中选择导入部件文件的类型，如图 4 - 1 - 21 所

导入部件

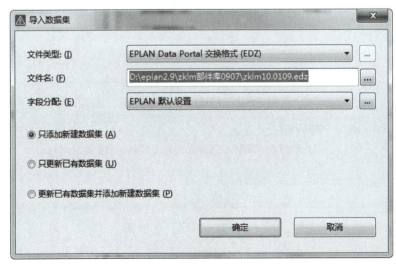

图 4 - 1 - 20 "导入数据集" 对话框

示；在"文件名"框中显示导入部件文件的名称，单击 ⋯ 按钮，弹出"打开"对话框，如图 4 – 1 –22 所示，选择导入部件文件；单击"字段分配"右侧的 ⋯ 按钮，弹出"字段分配"对话框，如图 4 – 1 –23 所示，设置导入部件文件的字段分配配置信息，单击【确定】按钮退出该对话框。

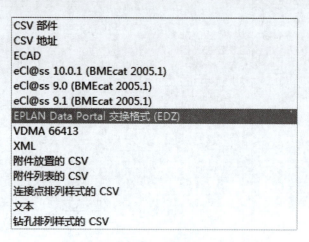

图 4 – 1 – 21　选择导入部件文件的类型

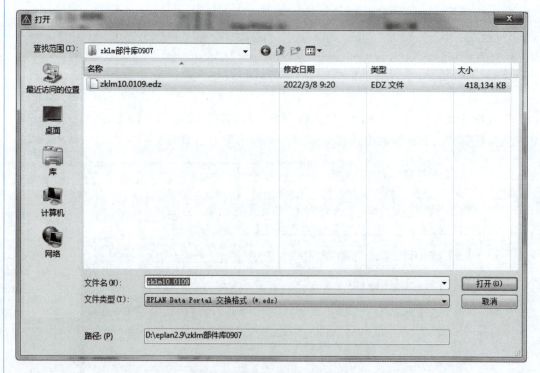

图 4 – 1 – 22　"打开"对话框

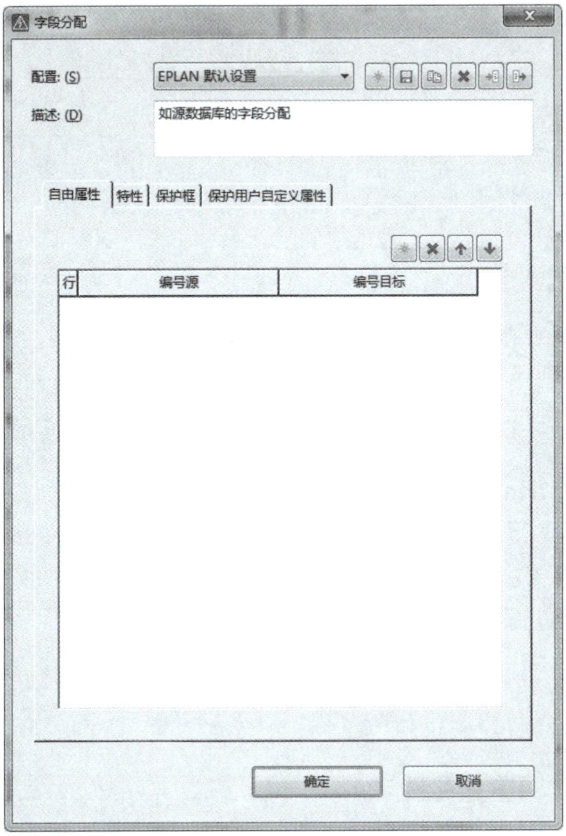

图 4 – 1 – 23 "字段分配"对话框

返回"导入数据集"对话框，单击【确定】按钮，弹出进度对话框，显示导入进度，完成进度后，自动关闭进度对话框，显示新的数据库。在进行设计的过程中，一般情况下建议用户自定义自己的数据库，以方便进行编辑。

导出部件

2. 导出部件

选择【导出】命令，弹出"导出数据集"对话框，如图 4 – 1 – 24 所示，在"文件类型"下拉列表中选择导出部件文件的类型：可以选择输出"总文件"或"单个文件"，在"文件名"框中输入总文件名称，在"单个文件"框中设置文件路径与名称；在"数据集类型""行业""流体"选项组下可以选择导出部件文件的类别。

（六）部件结构配置

在"部件管理"主界面中，左侧的部件结构可以按照客户需求进行调整。有些客户希望按"制造商"分类查看各产品组的部件或者在部件结构中加入自己的分类，如图 4 – 1 – 25 所示。

在"部件管理"主界面中，选择【附加】→【设置】命令，在弹出的"设置：部件（用户）"对话框中，单击"树结构配置"右侧的 按钮，如图 4 – 1 – 26 所示。在弹出的"树结构配置"对话框中，单击"主节点：（M）"右侧的 按钮，增加部件主结构，如图 4 – 1 – 27 所示。

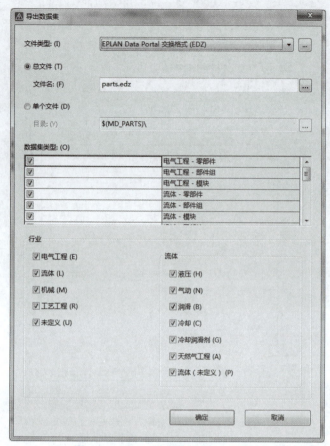

图 4 - 1 - 24 "导出数据集"对话框

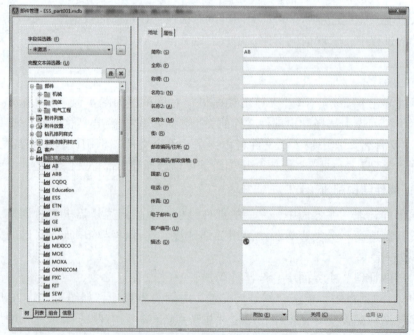

图 4 - 1 - 25 部件结构调整

图 4 – 1 – 26　树结构配置

图 4 – 1 – 27　增加部件主结构

在弹出的"树结构配置 – 主节点"对话框中，在"数据集类型"下拉列表中选择
"部件"选项，定义新的部件库名称为"新建部件库"，在下方"属性"栏中单击右侧的
⊡按钮，增加部件的属性分类，如图4 – 1 – 28 所示。单击【确定】按钮，在"树结构配
置"对话框中，通过 ⬆⬇ 按钮将"新建部件库"结构移动到顶端，如图4 – 1 – 29 所示。

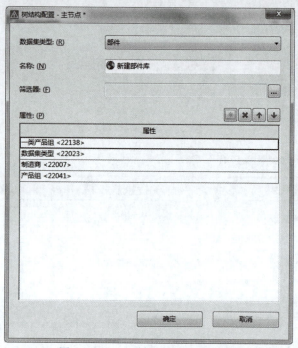

图 4 – 1 – 28　增加部件的属性分类

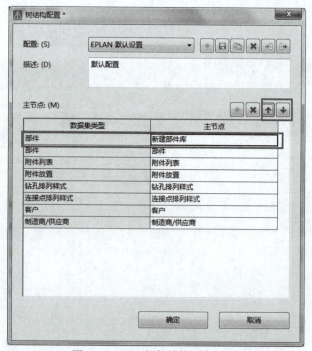

图 4 – 1 – 29　部件结构顺序调整

单击【确定】按钮，完成部件树结构配置。属性分类也就是部件显示的层级关系，通过增加或调整属性位置，在部件中显示不同的层级关系，按照不同的层级关系进行部件分类，以便于部件查找。在新建的"新建部件库"中增加了"制造商"分类，在"制造商"下一级中显示产品组分类，这是与之前部件树结构的不同之处，如图4-1-30所示。

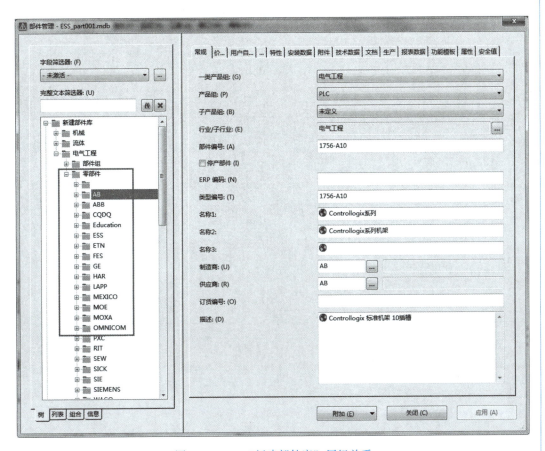

图4-1-30 "新建部件库"层级关系

（七）设备选型

部件是指厂商提供的电气设备的数据集合，其中包括设备型号、设备名称、制造商名称、安装尺寸、价格和技术参数等信息。设备是指已选型的符号，也就是该符号相应的电气参数使其具有电气属性。在电气原理图设计中，单纯将符号放置在电气原理图中，符号不具备部件信息，这种设计方式是基于面向图形的设计；如果插入设备，则表示该符号已经选型，定义了功能，具有相应的电气属性，这种设计方式是基于面向对象的设计。

设备选型

在图纸中，需要对"电机保护开关QF"进行选型，双击符号，打开"属性（元件）：常规设备"对话框，在"部件"选项卡中单击【设备选择】按钮可以进行智能选型，如图4-1-31所示。

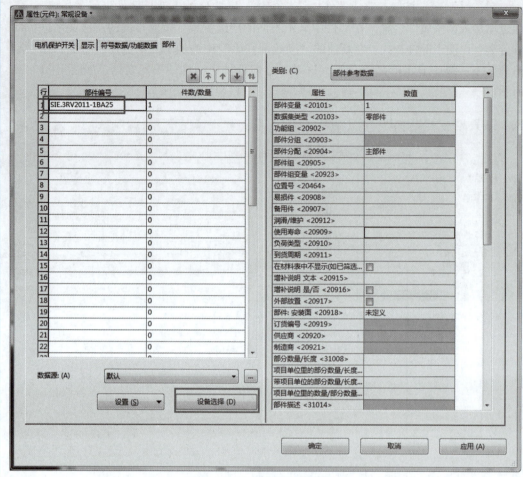

图 4-1-31　图纸中设备选型

(八) 电缆定义

选择菜单栏中的【插入】→【电缆定义】命令添加电缆定义, 电缆定义属于动态连接。将鼠标放置在电缆的上侧单击, 拖拉电缆定义横扫过想要赋予电缆芯线的电线, 然后再次单击完成电缆定义。在弹出的属性对话框中定义电缆标识符, 填写电缆其他电气属性。

电缆定义

在实际项目设计中, 经常会使用屏蔽电缆作为信号传输的媒介, 屏蔽层要与电缆进行关联, 并取消主功能, 通常要进行接地处理。通过单击菜单栏中的【插入】→【屏蔽】命令添加屏蔽层。

五、任务实施

根据客户委托要求, 用 EPLAN Electric P8 2.9 软件基本部件设计混料罐电气控制系统原理图, 并向客户交付资料。图纸要求如下。

(1) 新建项目, 项目命名规则为 "学号后四位姓名—项目四", 如 "1401 王四—项目三"; 项目模板选择 "IEC_tpl001.ept"; 添加项目属性值——"项目描述": 基于部件设计混料罐电气原理图，"项目编号"：CA2023004，"公司名称"：苏州××自动化技术有限公司，"项目负责人"：王三，"客户：简称"：苏州××职业技术学院，"安装地点"：B2车间。

（2）在项目四中新建"New"部件库，在"New"部件库中新建图4-1-32、图4-1-33所示的"电机保护开关"和"接触器"等部件。

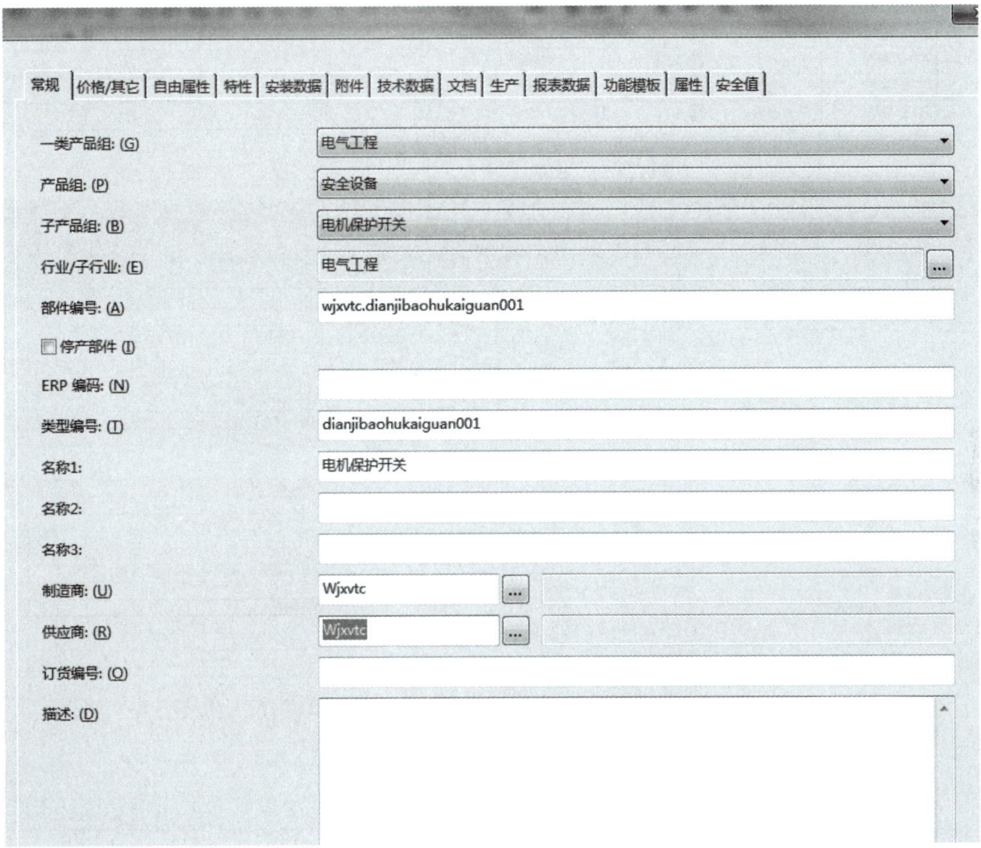

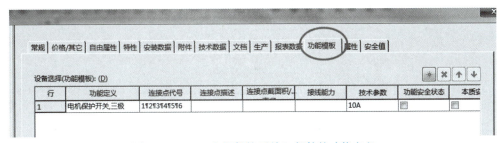

图4-1-32　新建"电机保护开关"部件

图4-1-33　"电机保护开关"部件的功能定义

（3）定义电缆，创建电缆部件，完成图纸中的电缆部件选择。其中电缆部件编号为"KVVP-5G4"，类型编号为"KVVP-5G4"，名称为"控制电缆5芯"，制造商和供应商为"Wjxvtc"。电缆部件"功能模板"选项卡如图4-1-34所示，填写电缆的定义和每芯导线的技术数据。注意：电位类型要正确填写，要和图纸匹配，否则无法正确分配。电缆部件属性如图4-1-35所示。分配完成的电缆如图4-1-36所示。

图 4-1-34　电缆部件"功能模板"选项卡

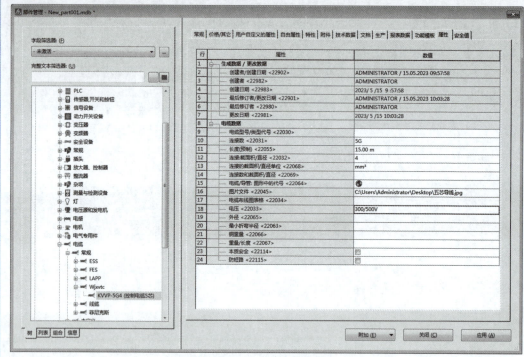

图 4-1-35　电缆部件属性

图 4-1-36　分配完成的电缆

（4）在项目四中新建页，参考图 4-1-37 所示的混料罐电动机主电路和图 4-1-38 所示的混料罐控制电路，基于部件设计混料罐主电路、混料罐控制电路、混料罐 PLC 控制电路（图 4-1-39），绘制完成后在项目中生成"部件列表"报表、目录和标题页。

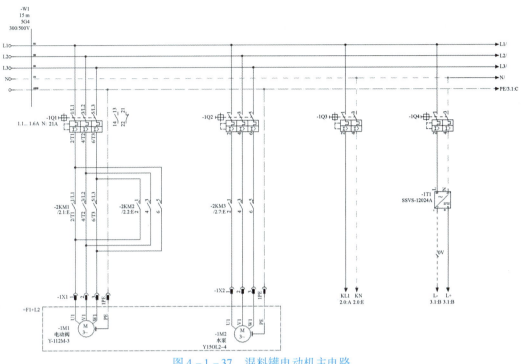

图 4 - 1 - 37　混料罐电动机主电路

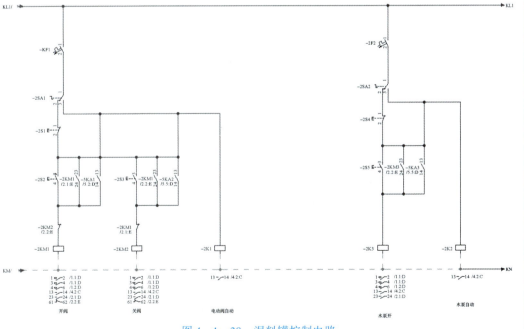

图 4 - 1 - 38　混料罐控制电路

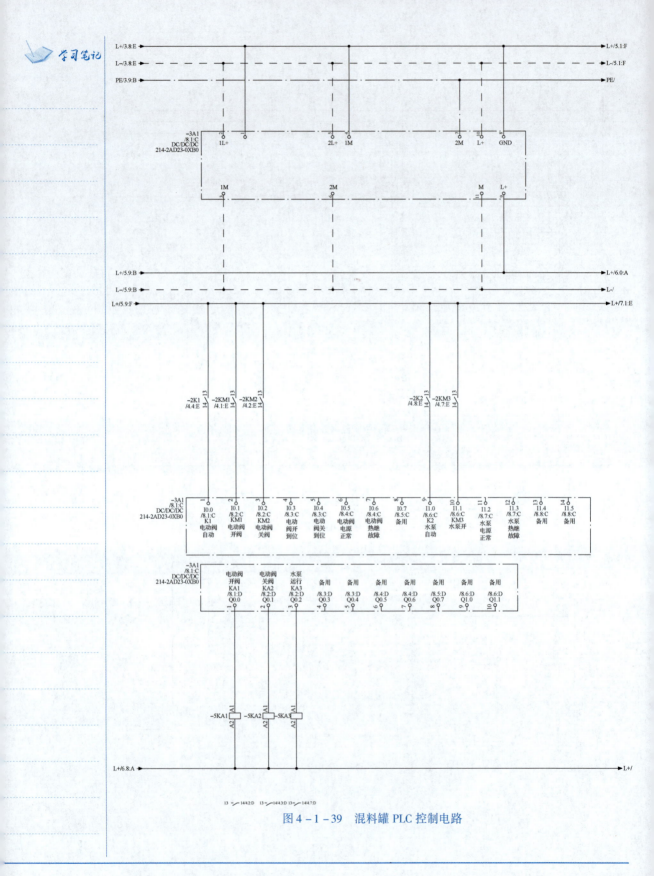

图 4 - 1 - 39　混料罐 PLC 控制电路

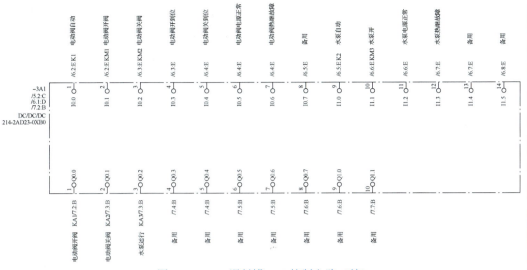

图 4-1-39 混料罐 PLC 控制电路（续）

六、检查与交付

（一）学习任务评价

按照表4-1-1进行自查，完成后交给教师评分，必要时做相关讲解或演示说明；进行目测检查，检查每个检查点是否有问题存在，记录检查结果，若无问题则交付验收。

表4-1-1　学习任务4.1评价

评价类型	赋分	序号	检查点	分值	自评	组评	师评
职业能力	50	1	标题页信息填写正确	5			
		2	电气原理图布局合理	5			
		3	部件库创建符合要求	5			
		4	部件管理配置正确	10			
		5	部件选型基本参数选择正确	10			
		6	根据要求正确进行设备选型	5			
		7	设备选型符合采购信息要求	5			
		8	电缆插入正确	5			
职业素养	30	1	按时出勤	5			
		2	按时完成	5			
		3	按标准规范操作	5			
		4	互相协助，解决难点	5			
		5	工位保持干净整洁	5			
		6	持续改进优化	5			

评价类型	赋分	序号	检查点	分值	自评	组评	师评
素养评价	20	1	搜索"素养小贴士"相关素材	10			
		2	谈一谈对"系统思维"的看法	10			
评价系数				1	0.2	0.2	0.6
总分				100			

(二) 成果分享和总结

将成果向同学展示,总结工作中的收获、遇到的问题和改进措施。

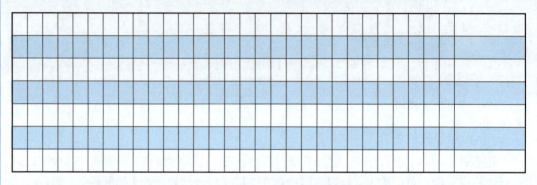

七、思考与提高

(1) 创建部件的目的是什么?部件和设备的主要区别是什么?

(2) 如何对电气原理图中的符号进行选型?设备选型方式有哪几种?

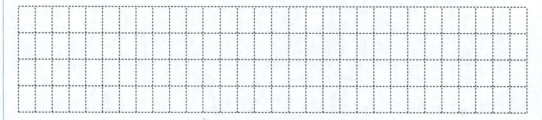

姓名＿＿＿＿＿＿　班级＿＿＿＿＿＿　学号＿＿＿＿＿＿　组号＿＿＿＿＿＿

学习任务4.2　控制柜安装板设计

一、任务目标

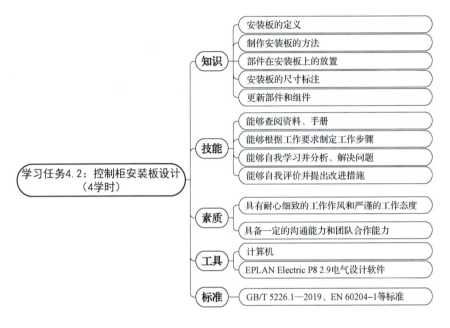

学习任务4.2：控制柜安装板设计
（4学时）

知识
- 安装板的定义
- 制作安装板的方法
- 部件在安装板上的放置
- 安装板的尺寸标注
- 更新部件和组件

技能
- 能够查阅资料、手册
- 能够根据工作要求制定工作步骤
- 能够自我学习并分析、解决问题
- 能够自我评价并提出改进措施

素质
- 具有耐心细致的工作作风和严谨的工作态度
- 具备一定的沟通能力和团队合作能力

工具
- 计算机
- EPLAN Electric P8 2.9电气设计软件

标准
- GB/T 5226.1—2019、EN 60204-1等标准

二、素养小贴士

对待安全必须严谨，抱有敬畏之心

　　布局图是根据电气元件在安装板上的实际安装位置，采用简化外形符号而绘制的一种简图。布局图主要用于表达电气元件的布置和安装。控制柜内电气设备的排布必须易于可视化，并以符合EMC标准的方式进行布置。对于标准机器，控制柜中建议留出10%的区域作为备用；对于特殊机器，需要20%的备用空间。

　　素质拓展：

三、任务描述

　　根据客户委托要求，需要将混料罐电气控制系统原理图中已经选型完毕的元件放置到控制柜安装板上，以便于制板商参照用户所设计的安装板图纸进行生产。具体要求如下。

（1）安装板的图框选用"01HL"图框，安装板图纸比例为1：10。

（2）安装板的宽度为800 mm，安装板的高度为1 800 mm，将混料罐电气控制系统控制柜中的元件放置在安装板的导轨上，要求元件布局合理，互不干扰，且多个元件的间距满足散热要求。

（3）安装板图纸页中的部件型号参数与实际所使用的元件型号参数一致。

四、知识准备

（一）安装板的含义

为了方便制板商的后期生产，设计人员在完成电气原理图绘制及符号选型后，需要对使用到的电气元件在安装板上进行合理的布局，如元件的放置、线槽和导轨的布置、元件的安装尺寸和开孔数据的确定等。

（二）制作安装板的方法

制作安装板

在 EPLAN 的图形编辑器中，安装板可以以纵向或横向的方式画出，安装板是由特殊的黑盒表示的，其设备名称命名遵循项目结构，具有层级的描述。

在项目"页"导航器中，新建页，页类型为"安装板布局（交互式）"，安装板图纸比例为1：10，如图4-2-1所示。

图4-2-1　新建安装板布局图纸页

打开新建的安装板图纸页，选择菜单栏中的【插入】→【盒子/连接点/安装板】→【安装板】命令，放置安装板，绘制一个长方形代表安装板，单击鼠标右键，弹出"属性（元件）：安装板"对话框，在"安装板"选项卡中输入安装板的名称"－MP1"，在"格式"选项卡的"长方形"标签下输入宽度和高度，分别为 800 mm 和 1 800 mm，如图 4 － 2 － 2 所示。

图 4 － 2 － 2　安装板属性设置

（三）部件在安装板上的放置

1. 放到安装板上

在安装板的非锁定区域内，可以放置单个部件或多个部件。放置单个部件需要根据其在"部件管理"中的尺寸排列，放置多个部件时，由于部件散热及干扰的要求，需要根据部件在"部件管理"中的尺寸及安装净尺寸排列。

部件在安装板上的放置

选择菜单栏中的【项目数据】→【设备/部件】→【2D 安装板布局导航器】命令，打开"2D 安装板布局"导航器（图 4 － 2 － 3），显示该项目中已经选型的设备（具有部件编号的设备）。在该导航器中选中新建的 2D 安装板，单击鼠标右键选择【设置】命令，弹出"设置：2D 安装板布局"对话框，可以设置部件的放置方向和接收部件数据的路径，如图 4 － 2 － 4 所示。

图 4 － 2 － 3　"2D 安装板布局"导航器

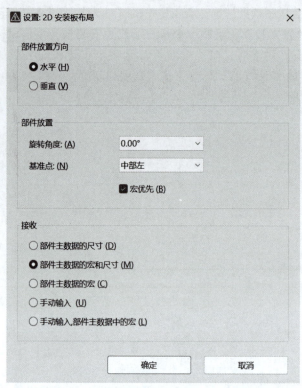

图 4-2-4 "设置：2D 安装板布局"对话框

在"2D 安装板布局"导航器中若将单个部件放置于安装板上，则选中该部件，单击鼠标右键选择【放到安装板上】命令（图 4-2-5），拖动部件到安装板中，移动鼠标可实时显示放置位置的 X 轴及 Y 轴坐标（图 4-2-6），选好位置后，单击，完成单个部件的放置操作。在"2D 安装板布局"导航器中，已放置的部件前会显示绿色的勾，如图 4-2-7 所示。

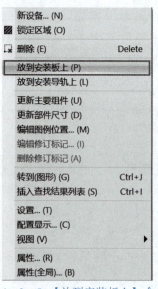

图 4-2-5 【放到安装板上】命令

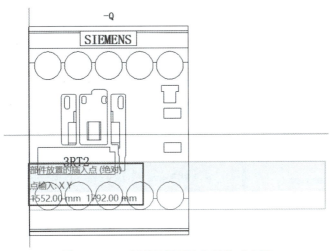

图 4 – 2 – 6　部件放置插入点的绝对坐标

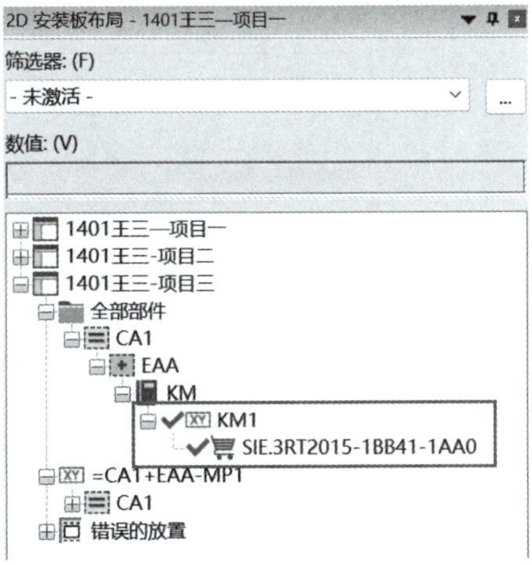

图 4 – 2 – 7　部件放置完毕

在"2D 安装板布局"导航器中，若需要将多个部件放置于安装板上，则按住 Ctrl 键选中多个部件，单击鼠标右键选择【放到安装板上】命令，选择合适的位置，单击，放置一个部件，再单击，再次放置一个部件，直至将部件放置完毕。

将多个部件放置在安装板上时需要相应的放置间隙，选择菜单栏中的【工具】→【部件】→【管理】命令，可在"部件管理"主界面中部件的"安装数据"选项卡中设置安装间隙（宽度、高度和深度）的相关数据，如图 4 – 2 – 8 所示。

2. 放到安装导轨上

使用安装导轨是工业电气元件的一种普通的安装方式，常见的 PLC、断路器、接触器、开关等都支持此种安装方式。电气元件通过卡扣固定在安装导轨上，简化了安装操作，后续维修更换也较为方便，常用的安装导轨宽度为 35 mm。

在 EPLAN 中，安装导轨的描述方式有"直线""折线""封闭折线"和"长方形"等。在导航器中若将单个设备放置于安装板上，则选中该部件，单击鼠标右键选择【放到安装导轨上】命令（图 4 – 2 – 9），用单击代表安装导轨封闭线的上边缘，移动鼠标，单击封闭线的下边缘，则部件被居中放置在安装导轨上，如图 4 – 2 – 10 所示。

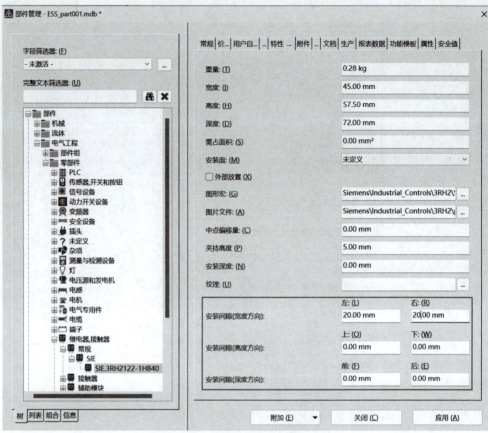

图 4 - 2 - 8　部件安装间隙要求

图 4 - 2 - 9　【放到安装导轨上】命令

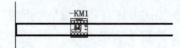

图 4 - 2 - 10　安装导轨上的部件放置

3. 面向安装板的设计

EPLAN 支持不同的工程设计方法，面向安装板的设计是一种常用的设计方法，其操作是先将设备放置在安装板上，然后将设备应用于图纸中。

在"2D 安装板布局"导航器中，单击鼠标右键选择【新设备】命令，弹出"部件选择 – ESS_part001. mdb"对话框（图 4 – 2 – 11），选择部件编号为"SIE. 3RT2015 – 1BB41 –1AA0"的接触器，单击【确定】按钮，将其放置于安装板上合适的位置处，如图 4 – 2 –12 所示。

在"2D 安装板布局"导航器中 K1 接触器前显示红色圆点（图 4 – 2 – 13），这代表此设备仅放置于安装板上，尚未放置于电气原理图中，当有设计需求时，可以从设备导航器中将 K1 接触器的线圈和触点拖放到电气原理图中。

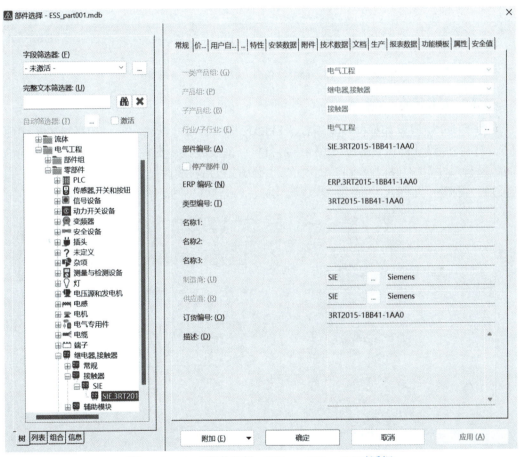

图 4 – 2 – 11　"部件选择 – ESS_part001. mdb"对话框

图 4 – 2 – 12　在安装板上直接插入设备

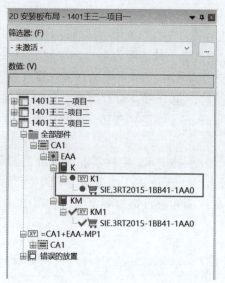

图 4-2-13　部件设备尚未放置在电气原理图中

（四）安装板的尺寸标注

为了便于电气设计师设计安装板，EPLAN 提供了尺寸标注功能。选择菜单栏中的【插入】→【尺寸标注】命令（图 4-2-14），对安装板、安装导轨及安装设备之间的间距进行尺寸定位与标注。EPLAN 中的尺寸标注包括：线性尺寸标注、对齐尺寸标注、连续尺寸标注、增量尺寸标注、基线尺寸标注、角度尺寸标注和半径尺寸标注。

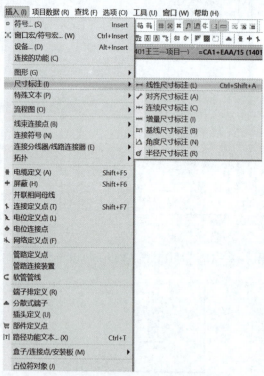

安装板的
尺寸标注

图 4-2-14　尺寸标注类型

（五）更新部件和组件

对于放置在安装板上的部件，若在部件库中修改其尺寸，或在电气原理图中更改部件型号，则需要更新部件尺寸，保证安装板上的部件尺寸实时得到更新。

选择菜单栏中的【项目数据】→【设备/组件】→【2D 安装板布局】→【更新部件尺寸】命令（图 4-2-15）或在"2D 安装板布局"导航器中，选中已经修改的部件，单击鼠标右键选择【更新部件尺寸】命令，单击【是】按钮确定修改部件尺寸，系统会自动更新部件尺寸，将当前的部件尺寸传递到部件放置，同时安装板上的部件尺寸也会发生相应改变。

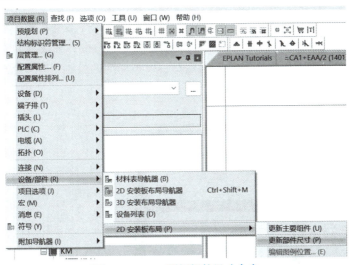

图 4-2-15　更新部件尺寸命令

安装板上的部件放置与电气原理图组件始终存在同步问题。通常的安装板设计，是先在电气原理图上进行元件的选型，然后将此元件放置在安装板上。安装板上元件的尺寸来自"部件管理"中的部件信息被正确传递到安装板上。另一种方法是先在安装板上放置组件，即放置部件，然后将组件拖放在电气原理图中。在安装板上可以直接修改部件的信息，如更改部件编号，选择另外一个厂商的元件，进行此操作后，主功能上通常没有更改的部件参考信息，这就需要相关部件放置的部件参考信息传递到设备的主功能中。

在图形编辑器或"2D 安装板布局"导航器中选中想要更新的部件，选择【项目数据】→【设备/部件】→【2D 安装板布局】→【更新主要部件】命令，弹出"更新主组件"对话框（图 4-2-16），系统提示，若执行该操作，则会删除所选部件的主功能的所有部件数据，用相关部件放置的部件数据替代。如果执行该操作，则单击【是】按钮，将此部件放置的部件参考信息传递到设备的主功能中。

图 4-2-16　"更新主组件"对话框

五、任务实施

（1）根据客户委托要求，用 EPLAN Electric P8 2.9 软件绘制混料罐电气控制系统控制柜安装板，并向客户交付资料。安装板要求如下。

①在已有项目四下新建页，页类型为"安装板布局（交互式）"，页描述为"安装板布局图"，安装板图纸比例为 1∶10，图框选择"01HL"图框。

②绘制安装板，名称为"－MP1"，安装板的宽度为 800 mm，安装板的高度为 1 800 mm，将混料罐电气控制系统控制柜中的元件放置在安装导轨上，要求元件布局合理，互不干扰，且多个元件的间距满足散热要求。

③安装板图纸页中的部件型号参数与实际所使用的元件型号参数一致。

④安装板图纸页中上、下、左、右的线槽宽度为 50 mm，安装导轨宽度为 35 mm。

（2）完成混料罐电气控制系统控制柜安装板布局图的绘制（图 4-2-17）。

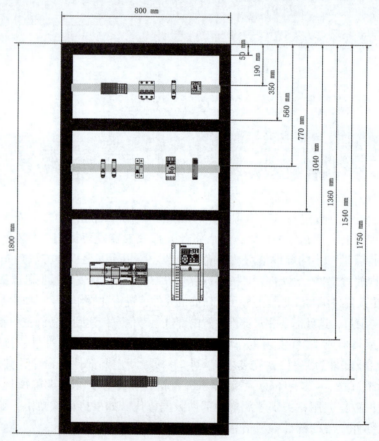

图 4-2-17　混料罐电气控制系统控制柜安装板布局图

六、检查与交付

（一）学习任务评价

按照表 4-2-1 进行自查，完成后交给教师评分，必要时做相关讲解或演示说明；

进行目测检查，检查每个检查点是否有问题存在，记录检查结果，若无问题则交付验收。

表4-2-1 学习任务4.2评价

评价类型	赋分	序号	检查点	分值	自评	组评	师评
职业能力	50	1	安装板图纸比例设置正确	5			
		2	安装板尺寸符合标准	5			
		3	安装导轨插入正确	5			
		4	部件放置规范	10			
		5	部件设备标识符显示正确	10			
		6	安装板上部件布局合理	5			
		7	安装板尺寸标注正确	5			
		8	部件放置与电气原理图组件信息同步				
职业素养	30	1	按时出勤	5			
		2	按时完成	5			
		3	按标准规范操作	5			
		4	互相协助，解决难点	5			
		5	工位保持干净整洁	5			
		6	持续改进优化	5			
素养评价	20	1	搜索"素养小贴士"相关素材	10			
		2	谈一谈对"安全源于细节"的看法	10			
评价系数				1	0.2	0.2	0.6
总分				100			

（二）成果分享和总结

将成果向同学展示，总结工作中的收获、遇到的问题和改进措施。

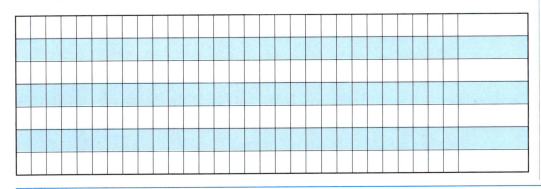

七、思考与提高

（1）设备放到安装板上与放到安装导轨上有什么区别？

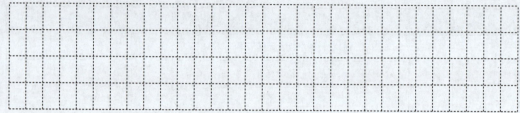

（2）在"2D 安装板布局"导航器中，部件放置前出现红色感叹号是什么意思？

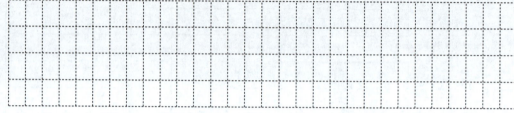

附　　录

项目三图纸

学习笔记

参 考 文 献

[1]覃政,吴爱国,刘文龙.EPLAN Preplanning 官方教程[M].北京:机械工业出版社,2023.

[2]闫少雄,赵健,王敏.EPLAN Electric P8 2022 电气设计完全实例教程[M].北京:机械工业出版社,2022.

[3]张福辉.EPLAN Electric P8 教育版实用教程[M].2 版.北京:人民邮电出版社,2021.

[4]吴开亮,王晓宇.EPLAN 电气设计从入门到精通[M].北京:化学工业出版社,2021.

[5]闫聪聪,段荣霞,李瑞.EPLAN 电气设计基础与应用[M].北京:机械工业出版社,2020.

[6]李鹏,吴荣.Cadence 17.2 电路设计与仿真从入门到精通[M].北京:人民邮电出版社,2020.

[7]樊姗.电气设计与制图[M].武汉:华中科技大学出版社,2020.

[8]吕志刚,王鹏,徐少亮.EPLAN 实战设计[M].北京:机械工业出版社,2018.

[9]周润景,崔婧.Multisim 电路系统设计与仿真教程[M].北京:机械工业出版社,2018.

[10]王建华.电气工程师手册[M].3 版.北京:机械工业出版社,2016.

[11]张彤,张文涛,张瓒.EPLAN 电气设计实例入门[M].北京:北京航空航天大学出版社,2014.